Christoph Riedel | Markus Inderst

Dampflok Romantik

Wo es heute noch dampft:
Die schönsten Reiseziele für
Eisenbahnfreunde in Deutschland,
Österreich und der Schweiz

VGB [VERLAGSGRUPPE BAHN] | GeraMond

INHALT

VORWORT

Am 26. Oktober 1977 endete im Raum Emden bei der Deutschen Bundesbahn der planmäßige Fahrbetrieb mit Dampflokomotiven, um Mitternacht desselben Tages erging ein mehrjähriges Verbot, mit Dampflokomotiven auf DB-Gleisen zu verkehren. Bei der Reichsbahn der DDR dagegen erlebte die Dampftraktion wegen des stark gestiegenen Ölpreises Anfang der 1980er-Jahre sogar eine Renaissance. Der letzte Dampfzug auf Reichsbahngleisen verkehrte am 29. Oktober 1988 zwischen Halberstadt, Magdeburg und Thale. Seit dieser Zeit hat sich die Welt der Eisenbahn grundlegend gewandelt. Heute bestimmen modernste Elektrolokomotiven und -triebwagen das Geschehen auf den Hauptbahnen, während Dieseltriebwagen die untergeordneten Strecken und die nicht elektrifizierten Hauptbahnen im arg geschrumpften Schienennetz Deutschlands noch dominieren, ihre Nachfolger in Form von batterieelektrischen oder wasserstoffbetriebenen Triebwagen aber auch bereits einige Strecken bedienen. Vielleicht sind es gerade die moderne Nüchternheit und Sachlichkeit des heutigen Bahnbetriebs, die das Interesse an der antiquierten Dampftraktion bei den Älteren wachhalten und bei jüngeren Menschen, die selbst die Dampflokzeit nicht mehr erlebt haben, wecken kann.

Vor diesem Hintergrund ist vielleicht erklärbar, warum allein nach der Jahrtausendwende in Deutschland auf 16 neuen Strecken musealer Bahnbetrieb mit Dampflokomotiven eröffnet werden konnte. Heute (Stand: 2025) kann man in Deutschland auf über 60 Linien sowohl planmäßigen Fahrbetrieb als auch solchen mit Museumsdampflokomotiven erleben – Sonderfahrten nicht einmal eingerechnet –, in manchen Fällen allerdings im Mischbetrieb mit Diesel- oder gelegentlich auch Elektrofahrzeugen. Teils verkehren die Züge auf nicht mehr benötigten Zweigstrecken, aber ebenso auf ansonsten mit Regelfahrzeugen im Planbetrieb bedienten Linien. Spitzenreiter unter den Bundesländern mit musealem Dampfbetrieb ist Baden-Württemberg mit aktuell 14 verschiedenen Angeboten, gefolgt von Nordrhein-Westfalen, wo 2025 an zehn Orten Museumsbahnen Fahrten mit Dampflokomotiven anbieten. Schlusslicht ist Thüringen mit nur einer Bahn, wenn man von den Fahrten auf der Harzquerbahn zwischen der thüringischen Landesgrenze

Lokparade beim „Molli" in Bad Doberan.

Die Mh.6 befuhr am 19. Juni 2022 bei St. Magarethen-Rammersdorf die „Krumpe".

südlich von Beneckenstein und Nordhausen absieht. Während manche regelmäßig wiederkehrende Betriebstage kennen, werden auf anderen Strecken nur an einigen wenigen Tagen im Jahr Dampflokomotiven eingesetzt.

Dieses Buch versteht sich als Handreichung für Dampflokfreunde, die sich einen Überblick über den Fahrbetrieb mit Dampflokomotiven verschaffen möchten. Es vermag in vielen Fällen aber keine genauen Angaben über die Einsatztage zu machen, da die Betriebstage von Jahr zu Jahr wechseln können. Hinweise auf Einsatztage des laufenden Jahres kann sich der Leser über die Internetseiten der Anbieter beschaffen, deren Adresse jeweils unter dem betreffenden Beitrag abgedruckt ist.

Einfacher sind solche Informationen über die neun Bahnstrecken zu beschaffen, die auch heute noch planmäßigen Verkehr mit Dampflokomotiven aufweisen. Ihre Fahrpläne können ebenfalls den Internetseiten der Eisenbahnverkehrsunternehmen entnommen werden, einige allgemeine Hinweise wird der Leser aber auch in diesem Buch finden. Plandampf wird heute fast ausschließlich in den neuen Bundesländern angeboten: An der Ostsee, im Harz und in Sachsen werden auf neun schmalspurigen Bahnstrecken die regelmäßig verkehrenden Züge von Dampflokomotiven gezogen, auf den drei Strecken im Harz zum Teil im Mischbetrieb mit Dieselfahrzeugen. Die einzige westdeutsche Strecke, auf der eine Dampflok vor Regelzügen zum Einsatz kommt, ist die Borkumer Kleinbahn, allerdings werden dort die weitaus meisten Planzüge im Wendezugbetrieb mit zwei Diesellokomotiven befördert.

Die Schweiz hat ihr Streckennetz aufgrund der topografischen Verhältnisse und der Alpenstrecken sehr frühzeitig auf E-Traktion umgestellt, sodass der Dampflokverkehr eine weitaus geringere Bedeutung erlangte als in Deutschland oder in Österreich. In der Eidgenossenschaft endete der planmäßige Dampflokbetrieb bereits am 28. Mai 1960 mit der Umstellung der Wehntalbahn auf den elektrischen Betrieb sowie auf der Gotthard-Zweigstrecke Cadenazzo – Luino am 11. Juni 1960 im Grenzgebiet Schweiz/Italien im Kanton Tessin. Trotz alledem sind zahlreiche Exponate der Nachwelt erhalten geblieben, die sowohl auf dem Netz der Schweizerischen Bundesbahnen als auch auf den Privat- und Schmalspurbahnen verkehren.

In Österreich wurden die Hauptstrecken mit fortschreitender Elektrifizierung bereits in den 1960er-Jahren von Rauch, Ruß und Qualm befreit, auf den zahlreichen Nebenstrecken – insbesondere im Wein- und Waldviertel – war dieser noch bis in die zweite Hälfte der 1970er-Jahre anzutreffen. Einzelne Normalspurdampflokomotiven verblieben als Ersatz für ausgefallene Dieselloks noch bis 1982 im Betriebsbestand. Der Dampfbetrieb auf den schmalspurigen Strecken ist bis in das neue Jahrtausend erhalten geblieben. Das Schmalspurnetz im Waldviertel wurde noch lange Zeit unter touristischen Gesichtspunkten mit Dampfloks betrieben, dagegen wurden zur Verbesserung der Ertragssituation bei den hochalpinen Ausflugsbahnen wie der Schafberg- und der Schneebergbahn modernere Betriebsformen angedacht und mittels Dieseltriebwagen und „Pseudo-Dampflokomotiven“ realisiert. Die Dampflokomotiven aus der Gründerzeit werden nur mehr zu besonderen Anlässen oder sporadisch nach einem vorgegebenen Fahrplan in Verkehr gesetzt. Man hütet sie heute wie einen unbezahlbaren Schatz. Auch wenn weitere Schmalspurbahnen aus vordringlich touristischen Gründen auf Dampfsonderfahrten setzen, so entstanden doch vielerorts Aktivitäten, die auf den Abschied vom Dampf reagierten. Österreich verfügt um die 20 dampfbetriebene Museumsbahnen, in der Eidgenossenschaft existieren noch ungefähr zehn derartige Attraktionen.

Jedoch ist an dieser Stelle noch anzumerken, dass der Dampfbetrieb auf den Staatsbahnstrecken immer mehr zurückgedrängt wird. Die ÖBB gedenken diese Betriebsform generell zu verbieten und argumentieren damit, dass die Fahrzeuge nicht über das neue Zugsicherungssystem ETCS verfügen, wiewohl der Gesetzgeber aber diese Nostalgiefahrzeuge davon ausnimmt. Anstatt die Historie zu fördern, legt man den Betreibern sprichwörtlich ständig neue Steine in den Weg.

Aus Platzgründen können in diesem Taschenbuch leider nicht alle in Deutschland, der Schweiz und Osterreich beheimateten Betriebe in Wort und Bild vorgestellt werden. Ebenso konnten Sonderzüge mit Dampflokomotiven oder auch gelegentlich durchgeführte Plandampfveranstaltungen auf regulären Bahnstrecken wegen der wechselnden Einsatzorte und -zeiten in diesem Buch keine Berücksichtigung finden. Auch wurde auf die Darstellung von Eisenbahnmuseen verzichtet, die auf ansonsten von Regelzügen befahrenen Strecken Sonderfahrten durchführen. Ausnahmen wurden gemacht, wenn die Fahrten regelmäßig auf derselben Strecke oder auf museumseigenen Bahnstrecken stattfinden. Organisationen wie Parkeisenbahnen und Vereine, die nicht betriebsfähige Dampflokomotiven vorhalten, wurden nur dann berücksichtigt, wenn die Wiederinbetriebnahme absehbar ist. Verzichtet auf die Darstellung wurde auch in Fällen, in denen der zukünftige Dampfbetrieb zurzeit nicht sichergestellt ist. Die Angaben beziehen sich auf die Jahre 2024/25.

Einen tabellarischen Überblick zu den Dampflokomotiven finden Sie für Betriebe, die mindestens eine Lok fahrbereit haben.

Dennoch hoffen wir, Ihnen, sehr verehrte Leser und Leserinnen, interessante sowie spannende Einblicke in die noch bestehenden Dampflokverkehre zu bieten und Ihnen dabei Ideen für Ausflüge und Reisen zu unterbreiten. Wir dürfen Ihnen abschließend nur mehr wunderschöne Momente bei der Mitfahrt in einem dieser Dampfzüge wünschen!

Christoph Riedel und Markus Inderst

Zwischen Münchingen und Schwieberdingen ist 50 2273 am 1. Mai 2024 mit ihrem Sonderzug auf der Strohgäubahn unterwegs.

DEUTSCH-
LAND

01 ANGELNER DAMPF-EISENBAHN

Eine Besonderheit unter den Museumseisenbahnen Deutschlands war lange die Angelner Dampfeisenbahn, verkehrten doch auf ihrer Strecke zwischen Süderbrarup und Kappeln an der Schlei fast ausschließlich ehemalige Fahrzeuge skandinavischer Eisenbahnverwaltungen. Das hat sich inzwischen geändert, zumindest im Bereich der Dieselfahrzeuge.

Die 15 Kilometer lange normalspurige Eisenbahnstrecke führt in zwei großen Bögen von Süderbrarup an der Staatsbahnstrecke Kiel – Flensburg aus über Scheggerott und Fauluck nach Kappeln an der Schlei. Sie wurde am 22. Dezember 1904 vom Kreis Schleswig als Verlängerung der von der Schleswig-Angelner Eisenbahn-Gesellschaft 1883 eröffneten Verbindung von Schleswig nach Süderbrarup in Betrieb genommen. Planmäßiger Personenverkehr mit Triebwagen wurde zwischen Schleswig und Kappeln noch bis zum 27. Mai 1972 durchgeführt. Der 1981 von der DB übernommene Güterverkehr endete im Jahr 2001. Danach wurde noch ein Betrieb in Kappeln bis Dezember 2003 durch die Angeln-Bahn GmbH bedient. Der Güterverkehr war derart defizitär, dass die Gesellschaft bald Insolvenz anmelden musste.

Die gepflegte Dampflok F 654 „Julchen".

Weiterbetrieb als Museumsbahn

Heute verkehren auf dem Streckenabschnitt Kappeln – Süderbrarup ausschließlich die Museumszüge der Angelner Dampfeisenbahn. Bereits 1977 erwarb der Verein von den Dänischen Staatsbahnen eine Dampflokomotive (F 654), die von 1978 an 13 Jahre lang die Museumszüge bespannte. Der 1949 bei Frichs in Arhus gebaute Dreikuppler war eine Nassdampflokomotive, die 250 PS leistete und eine Geschwindigkeit von 50 km/h erreichte. 1982 kam mit B 1266 eine Dampflokomotive der Schwedischen Staatsbahn dazu, die aber bereits 1990 wegen eines irreparablen Kesselschadens abgegeben werden musste. Glücklicherweise konnte im selben Jahr von der Kalmar Museumsvereinigung in Schweden

Unterstützung erhält F 654 am 17. Mai 2015 von einer Diesellok der Baureihe V60.

eine weitere Dampflokomotive, die ehemalige Lok Nr. 1916 der Klasse S 1, erworben und nach Instandsetzung ein Jahr später eingesetzt werden. Es handelt sich um eine 1952 bei Nohab in Schweden gebaute Tenderlokomotive mit der Achsfolge 1'C2', die eine Leistung von 1000 PS und eine Höchstgeschwindigkeit von 80 km/h besitzt. Außerdem sind noch einige Dieselfahrzeuge vorhanden.

Die Angelner Dampfeisenbahn fährt mit der Dampflok durchgängig von Mai bis Mitte Oktober an Sonntagen, in der Hochsaison zusätzlich an einigen weiteren Tagen mit einem Schienenbus, dabei wird auch die DB-Strecke zwischen Lindaunis und Flensburg befahren. 2024 konnte die Dampflok nicht eingesetzt werden, für das Folgejahr lagen bei Drucklegung noch keine Informationen vor. Fahrten mit der Angelner Dampfeisenbahn können bei Erwerb eines entsprechenden kostengünstigen Fahrausweises auch mit einer Schiffsfahrt auf der Schlei kombiniert werden.

www.angelner-dampfeisenbahn.de

EINGESETZTE DAMPFLOKOMOTIVEN

Lok	Baujahr	Achsfolge	Hersteller	Bemerkung
S 1 Nr. 1916	1952	1'C2'	Nohab	

02 GEESTHACHTER EISENBAHN

Zwar gehört die einzige erhalten gebliebene Lok der Bergedorf-Geesthachter Eisenbahn einem anderen Verein, originale Personenwagen werden aber auf einem Teil der ehemaligen Strecken im Museumsverkehr eingesetzt.

Drei Kleinbahnstrecken in normaler Spurweite betrieb die Bergedorf-Geesthachter-Eisenbahn AG im Raum Hamburg: Die knapp elf Kilometer lange Strecke Bergedorf Süd – Zollenspieker, die etwa 14 Kilometer lange Verbindung von Bergedorf über Bergedorf Süd nach Geesthacht und eine sechs Kilometer lange Anschlussbahn von Geesthacht zu einer Pulverfabrik in Krümmel, die im Personenverkehr aber nur von Werksangehörigen genutzt werden konnte.

Später wurden von der Gesellschaft noch die Billwerder Industriebahn von Moorfleth nach Tiefstack und die sogenannte Hamburger Marschbahn von Düneberg über Zollenspieker Querweg nach Moorfleth befahren. Aktueller Museumsverkehr findet auf der längsten der drei ursprünglichen Strecken zwischen den Bahnhöfen Bergedorf Süd und Geesthacht sowie auf der Anschlussbahn nach Krümmel statt. Der Verkehr auf dieser Linie wurde zwischen Bergedorf und Geesthacht am 1. Mai 1907 aufgenommen. Nach anfänglich befriedigendem Verkehrsaufkommen gingen die Transportmengen in den 1920er-Jahren zurück, um während der Zeit des Nationalsozialismus dagegen stark zuzunehmen. Nach dem Zweiten Weltkrieg geriet die Gesellschaft wegen erneut rückläufiger Einnahmen in Schwierigkeiten, sodass der letzte Personenzug bereits am 26. Oktober 1953 zwischen Bergedorf und Geesthacht verkehrte. Der geringe Güterverkehr auf der Strecke wird seit 1956 durch die Altona-Kaltenkirchen-Neumünster Eisenbahn AG abgewickelt.

In Aufarbeitung: „Dornröschen".

68 Jahre nach der Streckeneröffnung gründeten Eisenbahnfreunde die Arbeitsgemeinschaft Geesthachter Eisenbahn e.V. mit dem Ziel, u. a. mit Originalfahrzeugen der ehemaligen Bergedorf-Geesthachter Eisenbahn auf dem Streckenstück zwischen Bergedorf Süd und Geesthacht Museumsverkehr durchzuführen.

Ehemalige Personenwagen, die an andere Privatbahnen veräußert worden waren, konnten zurückgekauft werden, die einzige erhaltene Dampflokomotive befindet sich allerdings im Besitz des Vereins Braunschweiger Eisenbahnfreunde. Ein Jahr nach der ersten

Dampflok Nr. 350 ist eine zugkräftige Maschine, ideal für die Bespannung der Museumszüge.

Fahrt der Museumsbahn konnte im Jahr 1977 bereits mit Dampf gefahren werden, die erste eigene Dampflok wurde 1981 erworben, vier Jahre später kam eine zweite Maschine hinzu. Dabei handelt es sich zum einen um einen dänischen Vierkuppler, zum anderen um die 1918 bei Henschel in Kassel entstandene Lok Nr. 1 „Dornröschen", eine C-gekuppelte Maschine der ehemaligen Zeche Lothringen Graf Schwerin in Castrop-Rauxel bei Dortmund. Dritte im Bunde ist eine Dampfspeicherlok aus dem Jahr 1911 von Orenstein und Koppel. Die Lokomotive ging als Geschenk in den Besitz der Geesthachter über.

Gefahren wird auf der Strecke Bergedorf Süd – Geesthacht – Krümmel an mehreren Wochenenden zwischen April und Oktober, wobei zwei Zugpaare die Gesamtstrecke befahren und zwei weitere jeweils in Geesthacht enden. An einigen Tagen wird nur zwischen Bergedorf Süd und Geesthacht gefahren. Zusätzlich bietet der Verein im Dezember an zwei Tagen sogenannte „Nikolausfahrten" an, die aber alle in Geesthacht enden.

www.geesthachter-eisenbahn.de

EINGESETZTE DAMPFLOKOMOTIVEN

Lok	Baujahr	Achsfolge	Hersteller	Bemerkung
Q 350 / Karoline	1945	D	Frichs	2. Bauserie der Baureihe Q
Nr.1 / Dornröschen	1918	C	Henschel	
4959	1911	B	Orenstein & Koppel	Dampfspeicherlok

03 DE LÜTT KAFFEE-BRENNER

Auf einem fünf Kilometer langen Streckenstück der ehemaligen Normalspurstrecke von Grevesmühlen nach Klütz in Mecklenburg-Vorpommern fährt die Stiftung Deutsche Kleinbahnen seit 2014 auf 600-mm-Spur.

Die Großherzoglich-Mecklenburgische Friedrich-Franz-Eisenbahn eröffnete am 6. Juni 1905 eine gut 15 Kilometer lange Nebenbahn, die im Bahnhof Grevesmühlen von der Hauptstrecke Lübeck – Bad Kleinen in nördlicher Richtung abzweigte und im Ort Klütz, wenige Kilometer vor der Ostseeküste, endete.

Die überwiegend landwirtschaftlich geprägte Gegend benötigte dringend eine gegenüber den unzureichenden Chausseen verbesserte Möglichkeit, landwirtschaftliche Produkte abzutransportieren. Die wenige Kilometer südlich von Klütz verlaufende Hauptbahn von Lübeck nach Bad Kleinen war im Jahr 1870 eröffnet worden und weckte naturgemäß in den nördlich der Bahn gelegenen Orten den Wunsch, ebenfalls eine Eisenbahnanbindung zu erlangen. Zunächst waren Projekte in schmalspuriger Ausführung im Gespräch, letztlich wurde aber 1903 die Konzession für eine Normalspurstrecke erteilt, die zwei Jahre später als Kleinbahn eröffnet

Lok Nr. 8457 mit einem „Pendelzug", am Zugende: Diesellok 329 501-1.

werden konnte und sich schnell den Spitznamen „Klützer Kaffeebrenner“ nach einem in der Nähe angesiedelten Malzkaffeehersteller erwarb. Obwohl die Bahn zunächst mit gebrauchten Fahrzeugen der Friedrich-Franz-Eisenbahn auskommen musste, entwickelten sich die Transportmengen bis zum Ersten Weltkrieg gut. Nach dem Krieg erfolgte sogar die Heraufstufung zur Nebenbahn.

Umspurung nach Stilllegung und Streckenabbau

Der Niedergang begann nach dem Zweiten Weltkrieg. Der verschlissene Oberbau führte zu einer Reduzierung der Streckengeschwindigkeit auf 20 km/h und erheblich verlängerten Fahrzeiten, sodass die Bahnfahrt nicht mehr konkurrenzfähig war. Trotzdem überstand die Nebenbahn noch die Reichsbahnzeit.

Am 31. Dezember 1992 wurde dann der Güterverkehr eingestellt, der Personenverkehr folgte am 27. Mai 1995. Schon im nächsten Jahr gründete sich der Verein Klützer Kaffeebrenner e.V. mit dem Ziel, die Strecke als Tourismusbahn wiederzueröffnen. Bis 2005 hielten sich diese Fahrten, mussten dann allerdings mangels genügend hoher Einnahmen eingestellt werden. Ein Jahr später wurden die Gleise vollständig abgebaut. Neues Leben kam 2012 auf die Strecke, als die Stiftung Deutsche Kleinbahnen begann, ein fünf Kilometer langes Streckenstück zwischen dem ehemaligen Endpunkt Klütz und Reppenhagen instandzusetzen. Auf der alten Trasse wurde ein schmalspuriges Gleis mit 600 mm Spurweite verlegt. Bereits im Mai 2014 konnten die ersten Museumsbahnzüge verkehren. Gefahren wird bei der Museumseisenbahn donnerstags und freitags in den Monaten April, Mai, Juni, September und Oktober, in den Monaten Juli und August dagegen von montags bis freitags. Die zwanzigminütige Fahrt wird dreimal täglich in beiden Richtungen angeboten. Drei Dampflokomotiven sind beim „Lütt Kaffeebrenner“ (hochdeutsch: „Kleiner Kaffeebrenner“), wie die Bahn sich nun nennt, vorhanden. Neben Lok „Riesa“ aus dem Jahr 1948 ist noch eine Krauss-Lok von 1921 vor Ort. Beide Maschinen sind zurzeit nicht einsatzfähig. Gefahren wird mit der dritten Maschine, Nr. 8457, einem B-Kuppler von Orenstein und Koppel. Eine Besonderheit im Bahnhof Klütz muss noch erwähnt werden: Dort gibt es eine sogenannte Segmentdrehscheibe, bei der die Drehscheibenbrücke nur ein Kreissegment überstreicht. Eine solche Drehscheibe dient dazu, Fahrzeuge von einem Gleis aufs andere umzusetzen ohne den Platzbedarf, den entsprechend angeordnete Weichen erfordern würden.

www.stiftung-deutsche-kleinbahnen.de

EINGESETZTE DAMPFLOKOMOTIVEN

Lok	Baujahr	Achsfolge	Hersteller	Bemerkung
Nr. 8457	1921	B	Orenstein und Koppel	
Krauss XXVII	1921	B	Krauss	
Riesa	1948	B	Henschel	

04 DER MOLLI: TÄGLICH UNTER DAMPF

Die älteste Schmalspurbahn Norddeutschlands dampft auch heute noch, 130 Jahre nach ihrer Eröffnung, Tag für Tag durch die Küstenlandschaft Mecklenburg-Vorpommerns von Bad Doberan an der Strecke Wismar – Rostock nach Kühlungsborn West an der Ostseeküste.

Die Entstehung der Strecke muss im Zusammenhang mit Heiligendamms Aufstieg zu einem bedeutenden Seebad gesehen werden. Der 1793 entstandene mondäne Badeort liegt etwas abseits der bereits erwähnten Vollspurstrecke von Wismar nach Rostock und erfreute sich schon vor dem Bahnbau eines regen Zuspruchs vor allem der etwas betuchteren Klientel; die Anbindung des Badeortes über eine unzureichend ausgebaute Chaussee wurde bald als immer unbefriedigender empfunden. Eine schmalspurige Eisenbahnstrecke sollte hier Abhilfe schaffen. Am 7. Juli 1886 wurde die Linie Doberan – Heiligendamm mit einer Spurweite von 900 mm als Doberan – Heiligendammer Eisenbahn eröffnet, bereits vier Jahre später gingen Verwaltung und Betriebsführung auf die Großherzoglich-Mecklenburgische Friedrich-Franz-Eisenbahn über. In den ersten Jahren wurde nur wahrend der Sommersaison gefahren. Nachdem Anrainergemeinden ihre finanzielle Beteiligung zugesagt hatten, konnte die Strecke im Jahr 1910 bis Arendsee, dem späteren Kühlungsborn, verlängert werden.

Gleichzeitig wurde der ganzjährige Verkehr aufgenommen und öffentlicher Güterverkehr angeboten. 1920 ging die Strecke in den Besitz der neu gegründeten Reichsbahn über. Bemühungen in den folgenden Jahren, die Strecke auf Normalspur umzuspuren, scheiterten. Trotz des Mankos der schmalen Spur entwickelten sich Personen- und Güterverkehr zwischen den Weltkriegen gut, sodass zeitweilig 13 Personenzugpaare täglich gefahren werden mussten. Nach dem Zweiten Weltkrieg sank das Angebot auf sieben Zugpaare und stieg erst in den 1950er-Jahren wieder an. Obwohl Mitte der 1960er-Jahre doppelt so viele Güter auf der Strecke transportiert worden waren

Durch blühende Rapsfelder rollt 99 2321 am 3. Mai 2020 Heiligendamm entgegen.

wie 1930, wurde der Güterverkehr am 31. Mai 1969 eingestellt. Einerseits hatten die inzwischen in der ehemaligen DDR eingerichteten Landwirtschaftlichen Produktionsgenossenschaften genügend LKWs für die Transporte, andererseits war die Deutsche Reichsbahn froh, sich das aufwendige Umladen der Güter in Doberan sparen zu können. Zeitgleich stand auch die Einstellung des Personenverkehrs an, denn in einem verkehrswissenschaftlichen Gutachten wurde der Abbau sämtlicher Schmalspurstrecken in der DDR empfohlen. Dazu kam es glücklicherweise nicht und 1974 wurde die Strecke in die Denkmalliste des Bezirks Rostock aufgenommen, 1976 unter Denkmalschutz gestellt und in der Folgezeit umfassend saniert. Nach Gründung der Deutschen Bahn gehörte auch diese Strecke zum neuen Unternehmen, bevor ein Jahr später die Privatisierung folgte und die Bahn seitdem als überwiegend kommunales Unternehmen unter dem Namen „Mecklenburgische Bäderbahn Molli“ weiter betrieben wird. Auch wenn nach der Wende die Fahrgastzahlen zunächst rückläufig waren, ist der „Molli“, wie die Bahn in der Bevölkerung genannt wird, heute aus dem touristischen Leben an der Ostseeküste nicht mehr wegzudenken.

Fahrfähig sind beim „Molli“ zurzeit fünf Dampflokomotiven. 99 2321, 99 2322 und 99 2323 (Orenstein und Koppel, Achsfolge 1'D1') stammen aus dem Jahr 1932 und sind die ältesten Maschinen. Ein Nachkriegsbau aus dem Jahr 1951 ist 99 2331 (Lokomotivbau Karl Marx Babelsberg), während die Jüngste im Bunde, 99 2324, ein Neubau aus dem Jahr 2008/09 (Werk Meiningen, Achsfolge 1'D1') ist. Eine weitere mit 99 2331 baugleiche Maschine, 99 2332, ist seit 1996 nicht mehr betriebsfähig und steht im Bahnhof Kühlungsborn West mit der Nummer 99 332. Zwar herrscht auf der Bäderbahn planmäßiger täglicher Dampflokbetrieb, es gibt aber Unterschiede zwischen Sommer- und Winterfahrplan. Während zwischen April und Oktober elf Zugpaare angeboten werden, ist der Winterfahrplan ausgedünnt. In den Monaten November bis März verkehren nur fünf Zugpaare, ergänzt um drei Zugpaare an ausgewählten Tagen um die Jahreswende. Darüber hinaus kann im Bahnhof Kühlungsborn West das „Molli-Museum“ besichtigt werden.

www.molli-bahn.de

EINGESETZTE DAMPFLOKOMOTIVEN

Lok	Baujahr	Achsfolge	Hersteller	Bemerkung
99 2321	1932	1'D1'	O & K	Fabriknr. 12400
99 2322	1932	1'D1'	O & K	Fabriknr. 12401
99 2323	1932	1'D1'	O & K	Fabriknr. 12402
99 2331	1951	D	Lokomotivbau Babelsberg	Fabriknr. 3011
99 2324	2009	1'D1'	Dampflokwerk Meiningen	Fabriknr. 203

05 DER RASENDE ROLAND AUF RÜGEN

Viel ist nicht übrig geblieben vom ehemaligen Schmalspurnetz der Insel Rügen. Immerhin konnte die verbliebene Strecke Putbus – Göhren im Jahr 1999 um nicht ganz drei Kilometer von Putbus bis Lauterbach verlängert werden. Hier verkehren die Züge gemeinsam mit normalspurigen Triebwagen auf einem Dreischienengleis.

Nachdem bis auf die erst 1937 eingeweihte Linie Lietzow – Prora – Binz alle normalspurigen Eisenbahnstrecken auf der Insel Rügen fertig waren, sollte gegen Ende des 19. Jahrhunderts auch das Hinterland der Bahnstrecken durch Eisenbahnen erschlossen werden. Hierbei ging es in erster Linie darum, die landwirtschaftlichen Erzeugnisse der Region abtransportieren zu können, aber auch um den aufkommenden Fremdenverkehr. Zwei aus Kostengründen schmalspurig ausgeführte Strecken führten einerseits von Bergen über Wittower Fähre – hier musste der Zug auf einer Fähre über den 300 Meter breiten Breetzer Bodden nach Fährhof übergesetzt werden – nach Altenkirchen im Norden der Insel, andererseits vom Fährhafen Altefähr über Garz nach Putbus und weiter über Binz und Sellin nach Göhren. Von diesem Schmalspurnetz der Insel Rügen ist nach umfangreichen Stilllegungen zwischen 1967 und 1971 nur der Streckenabschnitt von Putbus nach Göhren übrig geblieben. Die 750-mm-Strecke wurde zwischen 1895 und 1899 in mehreren Abschnitten eröffnet: Putbus – Binz (10,8 km) am 22. Juli 1895, Binz – Sellin West (7,1 km) am 20. März 1896, Sellin West – Sellin Ost (1,2 km) am 23. Mai 1896 und Sellin Ost – Göhren (5,1 km) am 13. Oktober 1899.

Über die Schulter geschaut.

Mit Bau und Betriebsführung der neu gegründeten Rügenschen Kleinbahnen wurde der Stettiner Unternehmer Friedrich Lenz betraut. Im Jahr 1940 wurden alle Kleinbahnstrecken Rügens zusammen mit anderen Bahnen auf dem Festland zur Pommerschen Landesbahn zusammengefasst, neun Jahre später übernahm die Deutsche Reichsbahn die Betriebsführung der Strecken auf Rügen, die nicht nur den Krieg unbeschadet überstanden hatten, sondern auch vom Streckenabbau im Zuge der Reparationsleistungen an die Sowjetunion verschont geblieben waren. Der in der jungen DDR zentral durch den FDGB organisierte Tourismus auf der Insel entwickelte sich derart, dass die Bahnen in den 1950er-Jahren an ihre Leistungsgrenze stießen.

99 1782 qualmt mächtig bei der Ausfahrt aus dem Bahnhof Sellin am 16.08.2011.

Von der Reichsbahn zur Pressnitztalbahn

In den Folgejahren allerdings wanderte ein großer Teil des Güterverkehrs auf die Straße ab, auch weil das umständliche Umladen von Normalspur auf Schmalspur die Gütertransporte auf den Kleinbahnen unattraktiv machte. Wie bereits erwähnt, wurden einige Streckenteile bis auf den Abschnitt Putbus – Göhren daraufhin stillgelegt. Mitte der 1970er-Jahre stand auch dieser letzte Teil des ehemaligen Schmalspurnetzes zur Disposition. Inzwischen hatte aber auch in der DDR ein Umdenkprozess eingesetzt, denn man hatte den Wert der Bahn als touristische Attraktion erkannt. 1975 wurden durch Erlass des Verkehrsministeriums mehrere schmalspurige Bahnen der DDR, darunter auch die Strecke Putbus – Göhren, als erhaltenswert eingestuft und die Bahnanlagen zwischen 1976 und 1979 umfassend saniert. Dem neuen Zweck diente die Umstationierung stärkerer Dampflokomotiven vom Zittauer Netz nach Rügen.

Obwohl nach dem Fall der Mauer der Urlauberstrom aus den alten Bundesländern stark zunahm, stand die Existenz der Strecke Putbus – Göhren bald wieder auf dem Spiel, da sich die DB von allen Schmalspurbahnen trennen wollte, obwohl eine Wirtschaftlichkeitsberechnung einen Weiterbetrieb sinnvoll erscheinen ließ. Zum Glück stellte sich heraus, dass im Jahr 1949 die damalige DR gar nicht Eigentümer der Bahn, sondern nur Betreiber geworden war, die Bahnanlagen sich also immer noch im Eigentum der Insel Rügen befanden. So konnte die Strecke am 1. Januar 1996 an die Rügensche Kleinbahn GmbH & Co. (RüKB) übergehen, die den Betrieb mit Dampflokomotiven aufrechterhalten wollte.

Nach erneuter Instandsetzung wurde die Strecke im Jahr 1999 sogar um 2,6 Kilometer bis nach Lauterbach verlängert. Da zwischen Putbus und Lauterbach bereits ein normalspuriges Gleis lag, verkehrt der Dampfzug auf einem Dreischienengleis. Dampfbetrieb gibt es allerdings nur in der Sommersaison von Mai bis Oktober. Seit 2008 liegt die Betriebsführung der jetzt Rügensche Bäderbahn (RüBB) genannten Bahn bei der Eisenbahnbau- und Betriebsgesellschaft Pressnitztalbahn mbH. Die auf Rügen eingesetzten Dampflokomotiven repräsentieren wie in einem Museum wesentliche Abschnitte der deutschen Kleinbahngeschichte. Zwei fünfachsige Lokomotiven mit der Achsfolge 1'D entstanden 1938 bei Henschel in Kassel (99 4801 und 99 4802) und stammen ursprünglich von den Kleinbahnen des Kreises Jerichow I. Drei weitere Lokomotiven (99 1781, 99 1782 und 99 1784) mit der Achsfolge 1'E1' sind Neubauten aus dem Jahr 1953 und die Lok 99 4011 mit der Achsfolge D (Baujahr 1931) stammt von der Mansfelder Bergwerksbahn. Die Lokomotiven der ehemaligen Lenzschen Kleinbahnstrecken repräsentieren 99 4632 und 99 4633 mit der Achsfolge D, die 1914 bzw. 1925 bei Vulcan in Stettin entstanden sind. Wer den „Rasenden Roland", so wird die Bahn im Volksmund genannt, besuchen möchte, sollte in den Sommermonaten anreisen, weil dann auch der Streckenteil nach Lauterbach befahren wird. Zwischen Binz und Göhren verkehren die Züge bis auf die Abendstunden in einem Stundentakt, von Putbus nach Binz kann man alle zwei Stunden reisen. Zwischen Lauterbach und Putbus werden im Sommer fünf Zugpaare eingesetzt.

www.ruegensche-baederbahn.de

EINGESETZTE DAMPFLOKOMOTIVEN

Lok	Baujahr	Achsfolge	Hersteller	Bemerkung
99 4801	1938	1'D	Henschel	Fabriknr. 24367
99 4802	1938	1'D	Henschel	Fabriknr. 24386
99 1781	1953	1'E1'	Lokomotivbau Babelsberg	Fabriknr. 32022
99 1782	1953	1'E1'	Lokomotivbau Babelsberg	Fabriknr. 32023
99 1784	1953	1'E1'	Lokomotivbau Babelsberg	Fabriknr. 32025
99 4011	1931	D	O & K	Fabriknr. 12348
99 4632	1914	D	Vulcan	Fabriknr. 2951
99 4633	1925	D	Vulcan	Fabriknr. 3851
HF 210 E	1939	E	Borsig	jetziger Name: Aquarius C

06 PRIGNITZER EISENBAHNMUSEUM (POLLO)

Noch vor dem Ende der DDR begannen Eisenbahnfreunde, die Erinnerung an das stillgelegte umfangreiche Schmalspurbahnnetz in der Prignitz wachzuhalten.

In den Landkreisen West- und Ostprignitz wurden von 1897 bis kurz vor dem Ersten Weltkrieg Kleinbahnstrecken in einem Umfang von fast 200 Kilometern erbaut, die im Eigentum der Kreise standen. Während im Norden der Kreisgebiete normalspurige Eisenbahnstrecken entstanden, wurde im südlichen Teil ein über 100 Kilometer langes Schmalspurnetz mit einer Spurweite von 750 mm angelegt.

Im Einzelnen handelte es sich beispielsweise um die Strecken Perleberg – Viesecke – Lindenberg – Kyritz und Rehfeld – Breddin. Bereits 1948 wurde das Streckenstück Viesecke – Kreuzweg abgebaut und auch die übrigen Strecken waren trotz geringen Konkurrenzdrucks durch den Individualverkehr in der ehemaligen DDR in den 1960er-Jahren nicht mehr rentabel zu betreiben. Ende 1967 endete der gesamte Zugverkehr zwischen Lindenberg und Glö-

99 4633 mit Personenzug nach Lindenberg im Bahnhof Mesendorf am 16.05.2015.

Das Kleinbahnmuseum in Lindenberg.

wen, der Rest des Netzes wurde zum 31. Mai 1969 stillgelegt. Noch vor der Wende hatten Eisenbahnfreunde begonnen, die Erinnerung an die Kleinbahn, liebevoll „Pollo" genannt, wachzuhalten. Nach dem Ende der DDR wurde 1994 der Verein Prignitzer Kleinbahnmuseum Lindenberg e.V. mit dem Ziel gegründet, auf einem Reststück des alten Streckennetzes Museumsbahnbetrieb durchzuführen. Im Mai 2002 konnte ein erstes Streckenstück zwischen Mesendorf und Brunkendorf eröffnet werden und fünf Jahre später war die gesamte geplante Museumsstrecke auf einer Länge von neun Kilometern bis Lindenberg befahrbar. Das Museum verfügt neben einigen Diesellokomotiven nur über eine einzige Dampflok, die im Jahr 1923 bei Orenstein und Koppel gebaute 99 4644. Die Nassdampftenderlokomotive mit der Achsfolge D war zunächst bei der Kleinbahn Landsberg – Rosenberg im Einsatz und gelangte schon 1926 zur Kreisbahn des Kreises Jerichow. Später war sie in der Prignitz und auf Rügen im Einsatz und stand später als Denkmal in Neustrelitz. Sie ist zurzeit leider immer noch nicht betriebsfähig, soll aber aufgearbeitet werden. Aus diesem Grund werden zurzeit alle Dampflokfahrten mit Fremdlokomotiven durchgeführt. Der Verein bemüht sich, bei der Auswahl der Lokomotiven besonders solche Typen zu bevorzugen, die einst in der Prignitz unterwegs waren. Der jeweilige Jahresfahrplan ist auf der Website abrufbar.

www.pollo.de

EINGESETZTE AMPFLOKOMOTIVEN

Lok	Baujahr	Achsfolge	Hersteller	Bemerkung
99 4644	1923	D	Orenstein & Koppel	In Aufarbeitung

99 4633 wurde im Mai 2015 vor den Museumszügen eingesetzt.

07 ALMSTEDT – SEGESTE (ALMETALBAHN)

Zwischen Juli 1900 und November 1901 wurde zwischen Elze an der Hauptstrecke von Hannover nach Kassel und Bodenburg die 22,9 Kilometer lange „Niedersächsische Almetalbahn" eröffnet.

In Bodenburg hatte die Nebenbahn später Anschluss an die Strecke von Groß Düngen nach Bad Gandersheim, die heute noch als Stichstrecke zwischen Bodenburg und Groß Düngen im Personenverkehr befahren wird. Wegen der ausschließlich lokalen Bedeutung der Strecke kam sie recht früh unter Konkurrenzdruck durch den Individualverkehr und so endete der Personenverkehr zwischen Bodenburg (Streckenkilometer 0) und Gronau (Streckenkilometer 18,5) bereits 1966. Der Güterverkehr zwischen Gronau und Bodenburg wurde in drei Etappen zwischen 1966 und 1983 eingestellt. Der letzte Personenzug auf der Almetalbahn fuhr am 31. Mai 1980 zwischen Elze und Gronau, der Güterverkehr konnte sich hier noch bis 1994 halten.

Ab 1978 führte auf der Strecke zwischen Bodenburg und Sibesse die „Arbeitsgemeinschaft Historische Eisenbahn e. V." auf dem zwei Jahre zuvor von der DB erworbenen Streckenstück Museumsbahnfahrten mit einer Dampflok der preußischen Reihe T 3 durch. Der Rest der Strecke war bei der DB verblieben und wurde abgerissen, weil die Schnellfahrstrecke Hannover – Würzburg die Trasse kreuzen sollte. Wegen Streckenschäden mussten diese Fahrten 1991 eingestellt werden. Der Betrieb konzentrierte sich nun nur noch auf Führerstandsmitfahrten auf kurzen Abschnitten im Bahnhof Almstedt-Segeste, der auch Mittelpunkt des Vereinsgeschehens und Standort der übrigen Vereinsfahrzeuge ist. Anfang des neuen Jahrtausends waren dann wieder Fahrten auf einem kleinen Streckenstück bis zum neuen Haltepunkt „Grillplatz" möglich und von Mai 2006 bis 2016 stand hierfür die bereits erwähnte und inzwischen reparierte Dampflok „Schunter" aus dem Jahr 1901 zur Verfügung.

Diese Maschine war von der Hanomag in Hannover ursprünglich für die Braunschweigische Landes-Eisenbahn-Gesellschaft gebaut worden und zuletzt bei der Zucker-

Lok „Schunter" auf dem Streckenstück.

fabrik Euskirchen im Einsatz. Es handelt sich hierbei um die erste in Niedersachsen unter Denkmalschutz gestellte Dampflokomotive. Inzwischen ist die Lok wieder instandgesetzt und steht für Fahrten auf der Museumsstrecke zur Verfügung. Zurzeit kann zwar nur auf einem etwa 800 Meter langen Streckenstück gefahren werden, weitere 400 Meter in Richtung Petze sind geplant. Zudem verfolgt der Verein die Wiederinbetriebnahme der Strecke bis Bodenburg. Erschwert werden diese Bestrebungen durch einen dreisten Diebstahl von Oberbaumaterial im Bahnhof Bodenburg im Jahr 2022. Die Fahrtage des Vereins können der Internetseite entnommen werden.

www.almetalbahn-online.de

EINGESETZTE DAMPFLOKOMOTIVEN

Lok	Baujahr	Achsfolge	Hersteller	Bemerkung
Schunter	1901	C	Hanomag	

Die erste unter Denkmalschutz gestellte Lokomotive in Niedersachsen.

08 BORKUMER KLEINBAHN: MIT DAMPF UND DIESEL

Auf der westlichsten der Ostfriesischen Inseln, Borkum, gibt es in der Regel zwar Wendezugbetrieb mit Diesellokomotiven. Vor ausgewählten Zügen kommt jedoch planmäßig die Dampflokomotive Borkum^{III} zum Einsatz.

Eine zweigleisige schmalspurige Eisenbahn, auf der noch reguläre Züge mit Dampftraktion verkehren, gibt es das? Auf der westlichsten der Ostfriesischen Inseln, der Hochseeinsel Borkum, ist das Realität. Keimzelle des in früheren Zeiten wesentlich ausgedehnteren Inselbahnnetzes war eine Materialbahn, die für den Bau eines neuen Leuchtturms 1879 als Pferdebahn gebaut worden war und danach für weitere Materialtransporte genutzt wurde. Da die Bahn in einer Bucht auf der Wattseite begann, gab es in der Folgezeit immer wieder Probleme wegen der Gezeiten, sodass ein fester Anleger gebaut wurde, der am Ende einer Neubaustrecke mit 900 mm Spurweite vom Ort zur „Fischerbalje“ im Süden der Insel 1888 in Betrieb ging. Im Zusammenhang mit der Aufrüstung im Kaiserreich entstanden weitere Zweiglinien bis in den Ostteil der Insel.

Nach dem Zweiten Weltkrieg schrumpfte das Streckennetz, weil die Entmilitarisierung Deutschlands zum sukzessiven Abbau der rein militärischen Zwecken dienenden Streckenteile der Inselbahn führte. Auf einer Linie längs des Strandes, die schon vor dem Krieg auch von Personenzügen befahren worden war, wurde 1949 der Personenverkehr mit zwei Wismarer Triebwagen (bekannt als „Schweineschnäuzchen“) wieder aufgenommen, aber 1953 erneut eingestellt, sodass seit diesem Datum Personenverkehr nur noch zwischen dem Ort und dem Schiffsanleger angeboten wurde.

Personenverkehr auf zweigleisiger Strecke

Nach 1960 geriet die Bahn in finanzielle Schwierigkeiten, der Güterverkehr wurde deshalb auf die Straße verlagert, die dem Güterverkehr dienenden Anlagen im Bahnhof Borkum verschwanden bis 1973. In den folgenden Jahren wurde viel in die Erneuerung der Infrastruktur investiert, neu gebaut

Lok „Borkum“ bereit zur Abfahrt.

Der Traditionszug auf dem Weg zur Reede, kurz vor der Werkstatt der Inselbahn.

wurde aber nur eins der beiden Streckengleise, das zweite war ab 1987 zunächst gesperrt. Betriebsstörungen wahrend der Hochsaison sorgten aber schnell für eine Revidierung dieser Entscheidung, sodass ab 1994 beide Gleise wieder befahren werden konnten. Heute beträgt die Streckenhöchstgeschwindigkeit beachtliche 50 km/h, ein seltener Wert für Schmalspurbahnen. Gefahren wird, wie bereits erwähnt, überwiegend mit Wendezügen, es kommen aber auch historische Fahrzeuge wie ein Wismarer Triebwagen und die einzige Dampflok der Bahn zum Einsatz. Lok „Borkum“ ist die dritte mit diesem Namen, ihre Vorgänger versahen von 1888 bis 1925 (Borkum^{I}) und 1937 bis 1968 (Borkum^{II}) ihren Dienst auf der Insel. Der blau-schwarz lackierte Zweikuppler Borkum^{III} wurde im Jahr 1940 bei Orenstein und Koppel (Fabriknummer 13571) gebaut und vom 1. März 1941 an zunächst als „Dollart“ bei der Borkumer Kleinbahn eingesetzt. Die Maschine fand bis ins Jahr 1962 im Plandienst Verwendung und wurde im Jahr 1978 am Kurhaus in Borkum als Denkmal aufgestellt.

Nach der Aufarbeitung im Jahr 1996 durch das Ausbesserungswerk Meiningen erhielt die Maschine eine Ölfeuerung und wurde auf Heißdampfbetrieb umgestellt. Bei einem Dienstgewicht von 17,5 Tonnen leistet die Lok 110 PS, was ihr eine Höchstgeschwindigkeit von 30 km/h verleiht. Im Plandienst ist die Lokomotive seit dem 25. März 1997 im Einsatz. Die Züge verkehren zwischen März und Dezember an mehreren Tagen im Monat, in der Hochsaison sogar an zehn bis 13 Tagen pro Monat. Die Abfahrtzeiten sind bei der Inselbahn abrufbar.

www.borkumer-kleinbahn.de

EINGESETZTE DAMPFLOKOMOTIVEN

Lok	Baujahr	Achsfolge	Hersteller	Bemerkung
Borkum^{III}	1940	B	O&K	

09 DEINSTE-LÜTJENKAMP: FELD- UND KLEINBAHN

Die Feldbahnfahrzeuge des „Deutschen Feld- und Kleinbahnmuseum e.V." verkehrten bis 2017 lediglich zwischen dem Bahnhof Deinste an der Bahnstrecke des „Moorexpress" Bremerhaven – Bremervörde – Stade und dem nahegelegenen Bahnhof Lütjenkamp.

Inzwischen wurde die Strecke verlängert und führt durch die Felder 800 Meter weiter zur Station „Rehncampe". Auf der Strecke wird Kleinbahnbetrieb im Stil der 1930er-Jahre vorgeführt. Im Bestand des Vereins sind zahlreiche Diesellokomotiven, aber auch eine zweiachsige Dampflokomotive „Montua", die bei Henschel in Kassel im Jahr 1925 gefertigt wurde. Die Maschine war bis 1969 in den Niederlanden im Einsatz, bevor sie über Privatsammler und den TÜV-Nord im Jahr 2010 vom Feld- und Kleinbahnmuseum erworben werden konnte. Gefahren wird an ausgewählten Tagen ab Ostern, aber auch in der Weihnachtszeit werden Fahrtage angeboten. Informationen finden sich auf der Internetseite des Vereins.

www.kleinbahn-deinste.de

EINGESETZTE DAMPFLOKOMOTIVEN

Lok	Baujahr	Achsfolge	Hersteller	Bemerkung
Montua	1925	B	Henschel	

Die zweiachsige Lok Nr. 1 ist seit 15 Jahren im Besitz des Vereins.

10 DEUTSCHER EISENBAHN-VEREIN

Seit 1966 verkehren die Museumszüge des Deutschen Eisenbahnvereins auf dem – nach Umspurung der Reststrecke – verbliebenen schmalspurigen Streckenabschnitt der ehemaligen Kleinbahn Hoya – Syke – Asendorf zwischen Bruchhausen-Vilsen und Asendorf. Die Bahn ist inzwischen zu einem bedeutenden Faktor der Tourismuswirtschaft der Grafschaft Hoya geworden.

Die Bauern aus dem Gebiet zwischen den Hauptstrecken von Bremen nach Osnabrück und von Bremen nach Hannover wollten ihre Produkte besser in die Ferne verkaufen können, daher wurde im letzten Viertel des 19. Jahrhunderts im Gebiet der ehemaligen Grafschaft Hoya der Ruf nach einer Eisenbahnanbindung laut. 1879 wurde zu diesem Zweck die Hoyaer Eisenbahngesellschaft (HEG) gegründet, es sollte eine normalspurige Eisenbahnstrecke von Eystrup an der Hauptbahn nach Hannover bis zum 6,9 Kilometer entfernten Hoya gebaut werden.

Zugkreuzung in Heiligenberg.

Nach Konzessionserteilung am 24. Mai 1884 begannen die Arbeiten im Jahr darauf und wurden noch im November desselben Jahres abgeschlossen. 1897 wurde die Kleinbahn Hoya-Syke-Asendorf (HSA) gegründet, die eine Meterspurstrecke von Syke aus über Bruchhausen-Vilsen nach Hoya und einen Abzweig in Bruchhausen-Vilsen nach Asendorf betreiben wollte. Am 6. Juni 1900 gingen auch diese beiden Strecken in Betrieb. Ärgerlich war, dass es in Hoya zwischen der HEG und der HSA eine 700 Meter lange Lücke mit der Weser als natürliche Barriere gab, was bei Transporten vom Westen der Grafschaft Hoya nach Eystrup zu umständlichen Umlademanövern zwang. Noch vor dem Ersten Weltkrieg wurde deshalb eine Weserbrücke gebaut, sodass in Hoya Güter der einen auf die andere Bahn übergehen konnten, wobei die verschiedenen Spurweiten nach wie vor ein Umladen nötig machten. Dieser Zustand hielt über Jahrzehnte an.

Um dem wachsenden Konkurrenzdruck der Straße begegnen zu können, reiften in den 1950er-Jahren Pläne, die Gleise der inzwischen in Hoya-Syke-Asendorfer Eisenbahn (HSAE) umbenannten Gesellschaft auf Normalspur umzunageln. Davon sollte der Streckenast nach Asendorf allerdings aus-

Kleinbahnatmosphäre pur mit Lok „Franzburg" im Vilser Holz am 24.05.2015.

genommen werden, da hier inzwischen nur noch Güterverkehr abgewickelt wurde und der Transport mit Rollböcken offenbar nicht als großes Problem angesehen wurde. Im gleichen Zuge sollten HEG und HSEA in ein einziges Unternehmen überführt werden. 1963 wurde die Fusion vollzogen (neuer Name: Verkehrsbetriebe Grafschaft Hoya/VGH), im selben Jahr erfolgte die Umspurung zunächst zwischen Hoya und Bruchhausen-Vilsen, der Rest der Strecke folgte zwei Jahre später, sodass der erste durchgehende Zug zwischen Syke und Eystrup am 17. Januar 1966 verkehren konnte. Im Jahr 1972 wurde der Personenverkehr auf der Strecke eingestellt. Ein Jahr zuvor hatte man sich vom ebenfalls defizitären Güterverkehr nach Asendorf getrennt. Bereits im Jahr 1964 hatten Eisenbahnfreunde aus Hamburg den Deutschen Kleinbahn-Verein gegründet, dessen Ziel es war, eine Kleinbahnstrecke museal zu erhalten.

Museumsverkehr auf dem Asendorfer Streckenast

Da auf dem Asendorfer Streckenast zu dieser Zeit bereits Wochenendruhe herrschte, bot es sich an, auf dieser Strecke Museumsverkehr durchzuführen. Am 2. Juli 1966 verkehrte so der erste Zug der ersten deutschen Museumseisenbahn zwischen Bruchhausen-Vilsen und Heiligenberg. In den vergangenen fünf Jahrzehnten hat sich daraus ein deutschlandweit bekannter Verein entwickelt. Der Verein verfügt über zahlreiche auch betriebsfähige Exponate, von denen an dieser Stelle aber nur die Dampflokomotiven Erwähnung finden sollen. Zwei originale HSA-Lokomotiven mit den Namen Hoya (Hanomag 1899) und Bruchhausen (Hanomag 1899) gehören dazu. Während die „Hoya" im Museumsverkehr eingesetzt werden kann, wurde die „Bruchhausen" in der Mitte eines Kreisverkehrs am Bahnhof in Bruchhausen-Vilsen

Am Nachmittag des 23.05.2015 nimmt Lok „Spreewald“ in Asendorf frisches Wasser.

als Denkmal aufgestellt. Weitere vorhandene Exponate sind Lok „Hermann“ (Kreis Altenaer Eisenbahn, 1911), „Plettenberg“ (Plettenberger Kleinbahn, 1927), „Spreewald“ (Pillkaller Kleinbahn, 1917), „Franzburg“ (Franzburger Kleinbahn, 1894) und 7s (Albtalbahn, 1897). Gefahren wird beim Deutschen Eisenbahn-Verein in der Saison (Mai bis Anfang Oktober) an Samstagen und an Sonn- und Feiertagen.

www.museumseisenbahn.de

EINGESETZTE DAMPFLOKOMOTIVEN

Lok	Baujahr	Achsfolge	Hersteller	Bemerkung
Franzburg	1894	B	Vulcan	Fabriknr. 1363
7s	1897	B'B'	Maschinenbaugesellschaft Karlsruhe	Fabriknr. 1478 / Mallet
Hoya	1899	C	Hanomag	Fabriknr. 3341
Bruchhausen	1899	C	Hanomag	
Hermann	1911	C	Hohenzollern	Fabriknr. 2798
Spreewald	1917	1'C	Arnold Jung	Fabriknr. 2519
Plettenberg	1927	B	Henschel	Fabriknr. 29822

11 JAN HARPSTEDT: KLEINBAHN MIT FLAIR

Typischen Kleinbahnbetrieb der 1950er-Jahre zu zeigen, die Geschichte der Delmenhorst-Harpstedter Eisenbahn aufzuarbeiten und historische Fahrzeuge der Bahn zu restaurieren, sind die Ziele der Delmenhorst-Harpstedter Eisenbahnfreunde, die im Winterhalbjahr mit Triebwagen, im Sommer auch mit Dampflokomotiven auf der Strecke Delmenhorst – Harpstedt Museumsbahnverkehr durchführen.

Mehrere Gebietskörperschaften, darunter Preußen, Oldenburg und die Stadt Delmenhorst, gründeten im Jahr 1912 die „Kleinbahn Delmenhorst-Harpstedt GmbH". Die 22 Kilometer lange normalspurige Bahnstrecke von Delmenhorst nach Harpstedt wurde am 6. Juni 1912 eröffnet; Pläne für eine Anbindung Harpstedts an das Schienennetz hatten schon seit 1864 bestanden. Der Personenverkehr auf der Harpstedter Strecke endete bereits am 23. September 1967.

Busse traten an die Stelle der Bahn. Seit 1998 bedient das heute als Delmenhorst-Harpstedter Eisenbahn (DHE) firmierende Unternehmen auch die in Delmenhorst beginnende Zweigbahn nach Lemwerder. Auf der Strecke nach Harpstedt bieten die Delmenhorst-Harpstedter Eisenbahnfreunde e. V. seit mehreren Jahrzehnten unter der Bezeichnung „Jan Harpstedt" Museumsbahnverkehr an, zeitweilig befuhr man auch die Strecke nach Lemwerder.

Kleinbahnflair der 1950er-Jahre

Der Verein wurde 1976 gegründet und möchte den Besuchern den Bahnbetrieb auf einer typischen Kleinbahn der 1950er-Jahre näher bringen. Daneben sollen auch die Geschichte der DHE aufgearbeitet und historische Fahrzeuge des Unternehmens restauriert werden. Seit 1992 werden auf der Strecke nach Harpstedt Fahrten mit Dampflokomotiven angeboten, zunächst mit einer 1990 erworbenen Maschine des Typs Knapsack der Firma Krupp, die allerdings 2001 mit Kesselschaden ausscheiden musste. Im Bestand des Vereins finden sich heute neben einem Triebwagen und drei kleinen Diesellokomotiven auch zwei weitere Dampflokomotiven, von denen eine betriebsfähig auf der Strecke eingesetzt werden kann. Lok 1 ist ein Nassdampf-Dreikuppler, der 1951 von Krupp mit der Fabriknummer 2824 hergestellt wurde und 1990 vom Verein Verkehrsamateure und Museumsbahn e.V. aus Hamburg nach Harpstedt kam. Diese Lokomotive ist nicht betriebsfähig – Lok 2 dagegen steht unter Dampf, eine ebenfalls bei Krupp hergestellte Cn2-Lok aus dem Jahr 1955 (Fabriknummer 3437), die 1999 von der Fränkischen Museumseisenbahn in Nürnberg kam, dort aber nie gefahren ist und nun nach einer Aufarbeitung vor den Museumszügen zwischen Delmenhorst und Harpstedt zum Einsatz kommt. Die Lokomotive war bis 1986 als Bergwerkslok in Alsdorf (Aachener Revier), davor war sie auch in Mülheim (1961–1966) und Rheinhausen (1966–1973) eingesetzt. Die beiden anderen

Blühende Rapsfelder säumen die Strecke am 9. Mai 2002 in der Nähe von Dünsen.

Dampfloks sind ebenfalls abgestellt. Lok 6 ist ein C-Kuppler von Henschel aus dem Jahr 1956, während Lok 7 mit der Achsfolge B 1954 bei Orenstein & Koppel entstand.

Die Dampfzugfahrten erfolgen im Sommerhalbjahr zwischen Mai und Oktober. Die Museumseisenbahn kennt einen Winter- und einen Sommerfahrplan, Dampfzüge verkehren allerdings nur im Sommerhalbjahr, im Winter wird der Triebwagen eingesetzt. Der Sommerfahrplan weist an ausgewählten Tagen zwischen Mai und September zwei Fahrten je Richtung aus, ergänzt durch eine Spätverbindung, die mit dem Triebwagen durchgeführt wird. In allen Zügen wird die Beförderung von Fahrrädern angeboten, gut für alle Radfahrer, die in der Gegend gerne nicht allzu anstrengende Touren machen.

www.jan-harpstedt.de

EINGESETZTE DAMPFLOKOMOTIVEN

Lok	Baujahr	Achsfolge	Hersteller	Bemerkung
Nr. 1	1951	C	Krupp	
Nr. 2	1955	C	Krupp	
Nr. 6	1956	C	Henschel	
Nr. 7	1954	B	O&K	

12 MEPPEN-HASELÜNNER EISENBAHN

Seit 1988 bieten die Eisenbahnfreunde Hasetal auf der Strecke Meppen – Essen (Oldenburg) Museumsdampf an. Befahren wird nach zwei Fahrplänen entweder die Gesamtstrecke oder nur der Abschnitt Haselünne – Löningen.

Das Emsland im westlichen Niedersachsen wird von zwei bedeutenden Bahnlinien in Nord-Süd-Richtung durchquert, der elektrifizierten Emslandstrecke Rheine-Emden-Norddeich und der nicht elektrifizierten Strecke Osnabrück-Oldenburg. In den dazwischen liegenden, dünn besiedelten und landwirtschaftlich geprägten Gebieten liegen zwar hier und da noch Gleise, auch gibt es noch Güterverkehr, Schienenpersonenverkehr wird man hier aber vergeblich suchen. Das war bis in die Bundesbahnzeit hinein anders. Eine dieser Nebenstrecken verband sogar beide Hauptbahnen zwischen Essen/Oldenburg und Meppen an der Emslandstrecke. Gebaut wurde zwischen 1888 und 1907 von beiden Enden aus. Zuerst ging im damaligen Großherzogtum Oldenburg am 12. August 1888 der 13,7 Kilometer lange östliche Streckenteil zwischen Essen und Löningen in Betrieb, 1894 folgten die nächsten knapp fünf Kilometer bis Helmighausen. Betriebsführer war die Großherzoglich-Oldenburgische Staatseisenbahn. Im selben Jahr fuhren auch die ersten Züge der Meppen-Haselünner Eisenbahn (MHE) auf dem westlichen, 16,5 Kilometer langen und in der preußischen Provinz Hannover gelegenen Streckenteil zwischen Meppen und Haselünne. 1902 wurden hier weitere 8,8 Kilometer zwischen Haselünne und Herzlake eröffnet. Am 1. September 1907 schließlich wurde die noch vorhandene Lücke geschlossen; durchgehende Züge waren aber eher die Ausnahme. Erst nach dem Zweiten Weltkrieg befuhren für knapp zehn Jahre Züge der MHE die Gesamtstrecke bis Essen. Rationalisierungsmaßnahmen – bereits in den 1930er-Jahren kamen neben den dampfgeführten Reisezügen erste Dieseltriebwagen auf der Strecke zum Einsatz – konnten nicht verhindern, dass der Schienenpersonenverkehr zwischen 1962 und 1970 in drei Etappen eingestellt wurde. Im Güterverkehr ergibt sich allerdings ein anderes Bild. Auch hier waren trotz des vermehrten Einsatzes von Diesellokomotiven zunächst Rückgänge bei der beförderten Tonnage zu verzeichnen, zeitweilig hatte sich das Güterverkehrsaufkommen auf der inzwischen zur Emsländischen Eisenbahn

Wasserfassen im Personenbahnhof Löningen.

Ursprünglich für eine Zeche in Essen wurde die Lok „Niedersachsen" erbaut.

gehörenden Strecke stabilisiert, auch weil der Transport von Hausmüll zur Müllverbrennungsanlage Salzbergen für stetiges Frachtaufkommen sorgte. Das ist ab 2025 vorbei, aus „ökologischen Gründen"(!) wird auf Straßentransport umgestellt.

Dass auch heute noch gelegentlich Personenzüge die Strecke befahren, ist dem Verein Eisenbahnfreunde Hasetal e. V. zu verdanken, der seit 1988 Museumsfahrten durchführt.

Eingesetzt wird dabei auch die dreiachsige Dampflokomotive „Niedersachsen", eine 400 PS starke Nassdampftenderlokomotive, die 1922 bei Henschel in Kassel gebaut wurde. Die Maschine war zunächst bei einem Kraftwerk in Hattingen eingesetzt und kam nach Außerdienststellung 1973 zur Dampfeisenbahn Weserbergland. Im Jahr 1987 konnten die Eisenbahnfreunde Hasetal diese Lok aus Rinteln ins Hasetal holen. Die Lok wurde dort beispielsweise im Jahr 2015 an neun verschiedenen Tagen eingesetzt. Die Lok wird im Hasetal bei so genannten „Themenfahrten" (Bierseminar, Kinderfestival Schlümpfe, Weinfahrt, Whiskyfahrt) eingesetzt, im Jahr 2024 gab es allerdings einen ausgedünnten Fahrplan, weil die Dampflok nicht zur Verfügung stand und vorübergehend auf eine der drei vorhandenen Dielselloks zurückgegriffen werden musste. Für die folgenden Jahre können die Termine der Internetseite des Vereins entnommen werden. Neben den planmäßigen Fahrten kann der historische Zug auch für Charterfahrten außerhalb der offiziellen Fahrtage angemietet werden.

www.eisenbahnfreunde-hasetal.net

EINGESETZTE DAMPFLOKOMOTIVEN

Lok	Baujahr	Achsfolge	Hersteller	Bemerkung
Niedersachsen	1922	C	Henschel	

13 ARBEITSGEMEINSCHAFT RÜBELANDBAHN

Um den Abtransport der Harzer Bodenschätze kostengünstig durchführen zu können baute die Halberstadt-Blankenburger Eisenbahn zwischen 1880 und 1886 eine Bahnstrecke von Blankenburg nach Tanne mit einem Abzweig zum Schmalspurbahnhof Drei Annen Hohne der Nordhausen-Wernigeroder Eisenbahn.

Wegen der abschnittsweisen starken Steigungen musste im Betriebsbahnhof Michaelstein eine Spitzkehre und in besonders steilen Streckenabschnitten Zahnradbetrieb nach dem System Abt eingeplant werden. Erst nach Inbetriebnahme stärkerer fünfachsiger Lokomotiven der sogenannten „Tierklasse“ nach dem Ersten Weltkrieg konnte die Strecke auf reinen Adhäsionsbetrieb umgestellt werden. Pläne, durch teilweise Neutrassierung die betriebliche Situation zu verbessern, scheiterten unter anderem an den finanziellen Herausforderungen. Lediglich auf einem Teilstück zwischen Hüttenrode und Rübeland wurde das Gleis verlegt, weil auf der alten Strecke der Bismarcktunnel ein ungünstiges Lichtraumprofil aufwies. Nach Übernahme der Halberstadt-Blankenburger Eisenbahn durch die Deutsche Reichsbahn erfolgte 1960 die Elektrifizierung der vom übrigen elektrischen Streckennetz getrennten Linie mit 25.000 V und 50 Hertz.

Die Streckenteile Elbingerode-Tanne und der Abzweig nach Drei Annen Hohne blieben ohne Fahrdraht und wurden bald aufgegeben. Der Personenverkehr auf der restlichen Strecke endete im Jahr 2005. Der verbliebene Güterverkehr wird heute von der Havelländischen Eisenbahn mit zwei Lokomotiven der Baureihe 185 abgewickelt, nachdem

95 027 auf Sonderfahrt am 8.4.2023.

Auch am 14.09.2024 geht es steil bergauf.

Zuweilen ist die Lok auch mit EDV-Beschilderung als 95 1027-2 unterwegs.

zwischen 2005 und 2009 vorübergehend mit Diesellokomotiven gefahren worden war. Die Strecke selbst wurde 2006 von der Fels-Werke GmbH zunächst gepachtet und danach von der DB an die Fels Netz GmbH abgegeben. Zwar gibt es aktuell auf der Strecke keinen planmäßigen Personenverkehr mehr, die „Arbeitsgemeinschaft Rübelandbahn“ bietet aber ganzjährig meist zweimal pro Monat Sonderfahrten zwischen Blankenburg und Rübeland sowie auf der ins Harzer Vorland führenden Strecke nach Halberstadt an. Gefahren wird mit der Lokomotive 95 027, einer 1923 bei Hanomag mit der Fabriknummer 10185 gebauten schweren Tenderlokomotive mit Steilstreckenzulassung, die im Eigentum des DB-Museums Nürnberg steht und an die Arbeitsgemeinschaft Rübelandbahn verliehen wurde. Nach Stationierungen in den Bahnbetriebswerken Arnstadt, Suhl, Güsten, Probstzella, Erfurt und Blankenburg wurde die Lokomotive am 28. Januar 1982 ausgemustert und zunächst in den Bestand der Traditionslokomotiven der DR übernommen. 1992 kam die Maschine ins Dampflokmuseum Neuenmarkt-Wirsberg und war bis 1994 betriebsfähig. Wegen Schäden am Kessel konnte 95 027 danach zunächst nicht mehr eingesetzt werden. Ab 2008 erfolgte die Aufarbeitung im Dampflokwerk Meiningen und seit 2010 steht die Museumslok wieder für Fahrten zur Verfügung. Der Betrieb der Lok erfolgt in Zusammenarbeit mit den Harzer Schmalspurbahnen.

www.arbeitsgemeinschaft-ruebelandbahn.de

EINGESETZTE DAMPFLOKOMOTIVEN

Lok	Baujahr	Achsfolge	Hersteller	Bemerkung
95 027	1923	1'E1'	Hanomag	

14 HARZER SCHMALSPURBAHNEN

Wo kann man heute noch das Zusammentreffen dreier Dampflokomotiven in einem Landbahnhof beobachten? Der Bahnhof von Drei Annen Hohne bietet dieses Schauspiel jeden Tag planmäßig.

Im bis zu 1141 Meter hoch gelegenen Harz betreiben die Harzer Schmalspurbahnen GmbH ein zusammenhängendes, über 140 Kilometer umfassendes Netz von meterspurigen Bahnen, auf denen täglich Dampflokomotiven im Planeinsatz stehen. Betrieblich kann man heute zwei Streckenteile unterscheiden: Im Westen die Harzquer- und Brockenbahn und östlich die Selketalbahn mit ihren Verzweigungen. Von Wernigerode am Rande des Harzes aus führt die Harzquer- und Brockenbahn zunächst zum 542 Meter hoch gelegenen Abzweigbahnhof Drei Annen Hohne. Hier zweigt von der Harzquerbahn die Strecke zum Brocken ab. In diesem Bahnhof kann man zu bestimmten Tageszeiten das Treffen dreier Dampflokomotiven beobachten. Die Harzquerbahn

Ausfahrt auf der Harzquerbahn aus Drei Annen Hohne Richtung Nordhausen (18.02.2024).

Am 5.12.2018 strebt 99 7240 mit Volldampf dem Brockengipfel entgegen.

selbst führt von Drei Annen Hohne aus über Benneckenstein und Eisfelder Talmühle nach Nordhausen am Südrand des Harzes. In Eisfelder Talmühle besteht eine Verbindung zur Selketalbahn. Nach Stilllegung der Strecke Quedlinburg – Frose übernahmen die Harzer Schmalspurbahnen den Streckenteil Gernrode – Quedlinburg. Von Quedlinburg aus führt die Schmalspurbahn über Gernrode zunächst nach Alexisbad. Dort zweigt eine Stichbahn nach Harzgerode ab. Von Mägdesprung kurz vor Alexisbad bis Stiege folgt die Bahn dem Flüsschen Selke. In Stiege verzweigt sich die Bahn in eine Stichstrecke nach Hasselfelde und die Verbindung zur Harzquerbahn in Eisfelder Talmühle. Entstanden ist das Netz der Harzer Schmalspurbahnen zwischen 1887 und 1905 durch die Gernrode-Harzgeroder Eisenbahn-Gesellschaft/Selketalbahn (GHE) und die Nordhausen-Wernigeroder Eisenbahn/Harzquer- und Brockenbahn (NWE). Ab 1949 gehörten die Strecken zum Netz der Deutschen Reichsbahn. Seit dem 1. Februar 1993 sind die Harzer Schmalspurbahnen GmbH für den Betrieb verantwortlich. Das Zugangebot ist beachtlich, besonders auf dem Streckenteil von Wernigerode über Drei Annen Hohne zum Brocken, wobei auf der Bergstrecke ausschließlich dampfgeführte Züge verkehren, während daneben einzeln laufende Triebwagen auf der Harzquerbahn unterwegs sind. Einmal täglich gibt es auch einen Dampfzug von Nordhausen Nord zum Brocken. Der Verkehr auf der Harzquerbahn zwischen Drei Annen Hohne und Nordhausen Nord ist erheblich geringer. Auch auf der Selketalbahn ist die Zugfrequenz niedriger als auf der Brockenbahn. Diese Angaben beziehen sich auf die Monate der stärksten touristischen Nachfrage, um die Jahreswende ist das Zugangebot erheblich eingeschränkt.

Die Harzer Schmalspurbahnen verfügen neben den Dieselfahrzeugen über insgesamt 25 Dampflokomotiven, die aber nicht alle einsatzfähig sind. Älteste Lokomotiven sind die Nummern 99 5901-03, die aus einer zwischen 1897 und 1900 von Jung in Jungenthal gebauten Serie von Mallet-Maschinen stammen. Sie kommen im Sonderreisezugverkehr und bei besonderen Anlässen zum Einsatz. Vierte Lok der Bauart Mallet ist 99 5906, eine 1918 gebaute ehemalige Heeresfeldbahnlok. Aus dem Jahr 1914 stammen die beiden C-Kuppler 99 6101 und 6102, die von Henschel in Kassel gefertigt wurden. Während 99 6101 zurzeit auf ihre Aufarbeitung wartet, handelt es sich bei 99 6102 um ein lediglich rollfähiges Exemplar.

Von Krupp stammt die einzige 1'C1'-Maschine, die aus dem Jahr 1939 stammt und zur Einsatzstelle Gernrode gehört. Am 23. September 2024 machte diese Lokomotive ihre vorläufig letzte Fahrt. Zunächst konserviert abgestellt, soll Ende 2025 die fällige Hauptuntersuchung durchgeführt werden. Eine „Einheitslokomotive" aus dem Jahr 1931 ist 99 7222, die im Einsatz mit der Nummer 99 222 läuft und mit der Achsfolge 1'E1' nicht nur zu den größten Maschinen

Zwischen Quedlinburg und Gernrode.

der HSB gehört, sondern auch 17 ähnlichen Maschinen ähnelt, die 1954 bis 1956 vom VEB Lokomotivbau Karl Marx in Babelsberg für die Reichsbahn der DDR geliefert wurden (99 7231-7247). Diese Lokomotiven kommen von Wernigerode und Nordhausen Nord aus zum Einsatz.

www.hsb-wr.de

EINGESETZTE DAMPFLOKOMOTIVEN

Lok	Baujahr	Achsfolge	Hersteller	Bemerkung
99 5901	1897	B'B'	Jung	Fabriknr. 258
99 5902	1898	B'B'	Jung	Fabriknr. 261
99 5903	1901	B'B'	Jung	Fabriknr. 345
99 6101	1914	C	Henschel	
99 6102	1914	C	Henschel	
99 6001	1939	1'C1'	Krupp	Fabriknr. 1875
99 222	1931	1'E1'	BMAG	Fabriknr. 9921
99 5906	1918	B'B'	Maschinenf. Karlsruhe	Fabriknr. 2052
99 7231-7247	1954-56	1'E1'	LKM Babelsberg	Fabriknr. 134 008 und folgende

15 MANSFELDER BERGWERKSBAHN

Auf 74 Kilometern Länge inklusive Anschluss- und Nebenbahnen belief sich das Streckennetz der ehemaligen Mansfelder Bergwerksbahn. Fast zwölf Kilometer davon werden heute noch vom Verein Mansfelder Bergwerksbahn als Museumsbahn betrieben.

Gegen Ende des 19. Jahrhunderts entstand im Mansfelder Land zwischen Hettstedt und Eisleben ein dicht verzweigtes Netz von Grubenbahnen, das dem Abtransport des in der Gegend geförderten Kupferschiefers dienen sollte. Daneben wurden auch Kohle, Hüttenkoks, Grubenholz, Schlackensteine, Baumaterialien und verschiedene Zwischenprodukte der Hütten im Güterverkehr befördert. Eine ausführliche Beschreibung des umfangreichen Streckennetzes würde den Rahmen dieser Darstellung sprengen, deshalb soll hier ein Überblick genügen. 1880 entstand die erste 750-mm-Strecke der Mansfelder Bergwerksbahn zwischen Welfesholz und Hettstedt mit einer Länge von 4,5 Kilometern.

Alle in den Folgejahren gebauten Zweiglinien zu verschiedenen Abbauorten lehnten sich an die 24 Kilometer lange „Hauptstrecke“ von Hettstedt nach Eisleben an.

Am Gleisdreieck in Siersleben wartet Lok 11 mit einem kurzen Personenzug.

Bereits Anfang des 20. Jahrhunderts war das Streckennetz auf insgesamt 48 Kilometer Länge angewachsen, wobei 26 Kilometer Anschluss- und Nebenbahnen nicht eingerechnet sind. In den 1920er-Jahren stieg die Streckenlänge durch neu angeschlossene Schächte weiter an. In dieser Zeit waren auf der Bergwerksbahn 30 Dampflokomotiven, über 30 Personenwagen und mehr als 700 Güterwagen im Einsatz. Als die Lagerstätten unergiebiger wurden und nach und nach die Mansfelder Schächte geschlossen wurden, schrumpfte das Streckennetz um 1970 auf 20 Kilometer Länge. Nachdem die letzten Hütten 1989 und 1990 ihre Tore geschlossen hatten, ging damit auch der reguläre Bahnverkehr auf der Mansfelder Bergwerksbahn nach 110 Jahren zu Ende.

Hinter dem Haltepunkt Siersleben.

Engagement für einen Neuanfang

Im Folgejahr 1991 gründeten Eisenbahnfreunde den Verein Mansfelder Bergwerksbahn e.V. Sie wollten einen Teil des alten Streckennetzes erhalten und Museumsbahnverkehr durchführen. 11,8 Kilometer der ehemaligen Bergwerksbahn zwischen Benndorf und Hettstedt Kupfer-Kammer-Hütte Gbf sind seit 1994 im Besitz des Vereins. Neben Diesellokomotiven sind zudem drei Dampfloks vorhanden: Lok 10 und 11 stammen aus den Jahren 1936 und 1939 und wurden bei Orenstein und Koppel gefertigt. Neueren Datums ist Lok 20^{II}, gebaut bei LKM Babelsberg im Jahr 1951. Eine weitere ehemalige Bergwerksbahnlok ist in Hettstedt ausgestellt. Gefahren wird zwischen April und Oktober an jedem Samstag. Dabei verkehrt aber leider nur ein einziges Zugpaar, das für die knapp elf Kilometer lange Strecke 40 Minuten benötigt. Außerhalb dieser Zeit gibt es noch einige andere Fahrtage, die dem Fahrplan des jeweiligen Jahres zu entnehmen sind. Eine Besonderheit dieser Museumsbahn sind so genannte „Infozüge", die an bestimmten Tagen bei verlängerter Fahrzeit die Gelegenheit bieten, Interessantes zur Geschichte und Technik der Bahn zu erfahren.

www.bergwerksbahn.de

EINGESETZTE DAMPFLOKOMOTIVEN

Lok	Baujahr	Achsfolge	Hersteller	Bemerkung
10	1936	D	O&K	
11	1939	D	O&K	
20^{II}	1951	D	LKM	

16 DER SCHLUFF (ST. TÖNIS – HÜLSER BERG)

Auf der Strecke St. Tönis – Hülser Berg in Krefeld fährt eine mit Öl gefeuerte Dampflokomotive, deren Brenner mit elektrischer Energie arbeitet.

Ein respektables Unternehmen war die Crefelder Eisenbahn-Gesellschaft (CEG) mit ihrem Fahrzeugpark von fast 20 Dampflokomotiven, über 50 Personen- und weiteren rund 250 Güterwagen (1914), die 1880 gegründet worden war, um die zuvor in Konkurs gegangene Crefeld-Kreis Kempener Industrie-Eisenbahn-Gesellschaft (CKKIE) zu übernehmen. Diese nur zwölf Jahre existierende Gesellschaft war 1868 mit dem Ziel gegründet worden, das Umland der Stadt Krefeld besser an die Industriestadt anzuschließen. Die Gesellschaft betrieb die normalspurigen Bahnlinien Hüls – Krefeld Süd, Krefeld Süd – Viersen, Süchteln – Grefrath und Hüls – Kempen – Süchtelnvorst. Bereits 1874 musste der Betrieb nach Grefrath eingestellt werden, nach Übernahme durch die CEG wurde hier der Personenverkehr aber zwischen 1881 und 1916 vorübergehend wieder aufgenommen. Die CEG war es auch, die das bereits von der CKKIE aufgegriffene Projekt einer Weiterführung der Strecke Krefeld Süd – Hüls bis Moers erneut in Angriff nahm. In zwei Teilen wurde dieser Streckenabschnitt 1882 eröffnet. Bereits nach dem Ersten Weltkrieg versuchte die Gesellschaft, den Personenverkehr durch den Einsatz von Triebwagen und parallelem Busverkehr rationeller zu gestalten. Zwischenzeitlich waren bis zum Zweiten Weltkrieg auf manchen Strecken sogar ausschließlich Omnibusse im Einsatz. Der sich bereits abzeichnende Niedergang des Personenverkehrs auf der Schiene setzte sich nach dem Zweiten Weltkrieg fort, sodass im Frühsommer 1951 der Personenverkehr gänzlich eingestellt wurde. In den Folgejahren ging es zudem mit dem Güterverkehr bergab, Strecke für Strecke verlor den Schienenverkehr, sodass vom einstigen Streckennetz nur noch die 13,6 Kilometer lange Strecke St. Tönis – Hülser Berg übriggeblieben ist. Auf dieser Linie verkehren heute die „Schluff" genannten Museumszüge, die zum Museumsbestand der Stadt Krefeld gehören und von den Stadtwerken Krefeld durchgeführt werden, wobei aber ehrenamtliche Helfer zum Einsatz kommen. Diese Fahrten werden seit dem Jahr 1979 angeboten, gezogen werden die Züge von der vierachsigen Nassdampftenderlok „Graf Bismarck XV" aus dem Jahr 1948.

Ab Hülser Berg: Tender voraus.

Die „Graf Bismarck“, alias 98 8921, am 15.09.2019 im Bahnhof Tönisvorst.

Diese Maschine war ursprünglich auf der Zeche Graf Bismarck in Gelsenkirchen eingesetzt und kam nach Außerdienststellung zur Deutschen Gesellschaft für Eisenbahngeschichte (DGEG) nach Bochum-Dahlhausen. Im Jahr 1979 gelangte die Lok nunmehr nach Krefeld, wo sie seit 1980 im Einsatz ist. Die Lokomotive weist einige Besonderheiten auf, die sie von anderen Museumsdampflokomotiven unterscheidet. Bei Übernahme von der DGEG wurde „Graf Bismarck XV“ von Kohle- auf Ölfeuerung umgestellt. Weil der inzwischen neu eingebaute Brenner mit elektrischer Energie betrieben wird, befindet sich auf der Lok noch ein dieselbetriebener Stromerzeuger, der auch die Stromversorgung des Zuges übernimmt. Leider ist die Lok seit Ende 2024 wegen gerissener Stehbolzen in der Werkstatt, die Wiederinbetriebnahme soll aber schnellstmöglich erfolgen. An den Fahrtagen (sonntags von Mai bis September) verkehren auf der Strecke drei Zugpaare zwischen 11 und 19 Uhr, die auf den knapp 14 Kilometern 50 bis 55 Minuten unterwegs sind. Zusätzlich werden wie auch auf vielen anderen Museumsbahnen Nikolausfahrten im Dezember angeboten.

www.schluff-krefeld.de

EINGESETZTE DAMPFLOKOMOTIVEN

Lok	Baujahr	Achsfolge	Hersteller	Bemerkung
98 8921	1948	D	Henschel	

17 EISENBAHN-TRADITION LENGERICH

Seit fast fünfzig Jahren führt der Verein „Eisenbahn-Tradition“ von Lengerich aus Fahrten mit Dampflokomotiven insbesondere auf Strecken des Münsterlandes, aber auch auf anderen Strecken durch. An einigen Sonntagen im Sommerhalbjahr verkehren Dampfzüge auf dem Teilstück Ibbenbüren Aasee – Bad Laer der Strecke Ibbenbüren – Gütersloh – Hövelhof.

In der Weihnachtszeit werden regelmäßig der südliche Streckenteil in Richtung Hövelhof und die Tecklenburger Nordbahn von Osnabrück nach Mettingen bei Nikolaus- oder Weihnachtsfahrten genutzt. Daneben standen 2024 auch Fahrten auf den Strecken Ennigerloh – Münster, Neubeckum – Wadersloh und Lengerich – Münster – Billerbeck auf dem Programm. Vorhanden sind die beiden Dampflokomotiven 50 3655 und 78 468.

50 3655 wurde im Jahr 1942 bei Borsig in Berlin als 50 2220 gebaut. Bei der Reichsbahn der DDR wurde die Lok 1961 „rekonstruiert“ und erhielt am 20. April 1961 die auch heute noch gültige Nummer. Bis auf eine kurze Stationierung in Schlesien war die Lok zeit ihres Lebens in Bahnbetriebswerken der heutigen neuen Bundesländer stationiert. Sie wurde am 12. Juni 1992 beim Bw Chemnitz ausgemustert und gelangte im selben Jahr zum Verein

78 468 am 21.04.2018 bei der Wiedereröffnung der Teutoburger Wald Eisenbahn (TWE).

Die selbe Lok am 26.08.2018 auf der Hafenstrecke der TWE bei Dörenthe.

Eisenbahn-Tradition. Bei 50 3655 findet zurzeit die Hauptuntersuchung statt, die Lok soll aber so schnell wie möglich wieder einsatzbereit sein.

Die zweite Dampflok, 78 468, gehört zur Baureihe T 18 der ehemaligen preußischen Staatsbahn, ihr Bau wurde aber erst von der Deutschen Reichsbahn bei Henschel in Kassel in Auftrag gegeben. Abgenommen wurde die Lok als 78 468 von der Deutschen Reichsbahn-Gesellschaft am 6. März 1924. Sie kam in den Jahren bis zu ihrer Ausmusterung am 11. Juli 1969 zunächst bis 1944 in Schlesien, danach in Nordrhein-Westfalen und zum Schluss in Hamburg zum Einsatz. Nach längerer Beteiligung an Einsätzen dieser Lok auf Sonderfahrten ist der Verein Eisenbahn-Tradition seit 2017 Eigentümer. Beide Loks sind in Lengerich hinterstellt, wo sich auch das Domizil des Vereins befindet.

www.eisenbahn-tradition.de

EINGESETZTE DAMPFLOKOMOTIVEN

Lok	Baujahr	Achsfolge	Hersteller	Bemerkung
78 468	1924	2'C2'	Henschel	
50 3655	1942	1'E	Borsig	

18 FELD- UND WERKBAHN-MUSEUM OEKOVEN

In der Nähe des ehemaligen DB-Bahnhofs Oekoven an der Bahnstrecke Köln – Mönchengladbach liegt zwischen Rommerskirchen und Grevenbroich das von Privatleuten im Jahr 1976 gegründete Feld- und Werkbahnmuseum Oekoven.

Hier werden nicht nur zahlreiche schmalspurige Dampf-, Diesel- und Elektroloks gezeigt, sondern es wird auf einer 1,1 km langen Strecke auch Fahrbetrieb durchgeführt. Zum Einsatz kommt die Dampflok Nr. 4, die bei Jung in Jungenthal gefertigt wurde. An einigen Tagen im Sommerhalbjahr zwischen Mai und Oktober sowie in der Weihnachtszeit bei den sogenannten „Nikolausfahrten" können Besucher die etwa halbstündige Fahrt mit dem Museumszug genießen. Fahrten in der Weihnachtszeit sind nur mit vorheriger Anmeldung auf der Internetseite des Vereins möglich. Da 13 Fahrten pro Betriebstag angeboten werden, kann bei zwölf bis 19 Sitzplätzen pro Fahrt eine recht große Nachfrage bedient werden.

www.gillbachbahn.de

EINGESETZTE DAMPFLOKOMOTIVEN

Lok	Baujahr	Achsfolge	Hersteller	Bemerkung
Nr. 4	1941	B	Jung	

Am 05.06.2016 wartet Diesellok Nr. 2, während Dampflok Nr. 4 Vorfahrt hat.

19 HESPERTALBAHN: WERKSVERKEHR FÜR JEDERMANN

Lediglich dem Werksverkehr diente bis 1972 der Personenverkehr auf der Hespertalbahn. Heute kann jedermann mit den Personenzügen vom Bahnhof Essen-Kupferdreh aus bis zum knapp fünf Kilometer entfernten Haus Scheppen fahren.

Die Hespertalbahn an der Ruhr im Süden der Stadt Essen geht zurück auf eine schmalspurige Pferdeeisenbahn durch das namensgebende Hespertal, ein Seitental der unteren Ruhr, bis in den Raum Velbert, die zunächst der Versorgung der Phoenix-Hütte in Essen-Kupferdreh diente. Nachdem im Hespertal die Kohleförderung begonnen hatte, wurde die Bahn bis 1877 von Kupferdreh aus bis zu der im Hespertal gelegenen Zeche Richradt normalspurig ausgebaut und auch mit Dampflokomotiven betrieben. Der normalspurige Ausbau des südlichen Teils der Strecke erfolgte dann nicht mehr auf der Trasse der Pferdebahn, die auf dem westlichen Bachufer verlief, sondern auf eigenem Terrain auf dem östlichen Ufer des Hesperbaches. Diese normalspurige Eisenbahnlinie endete im Endbahnhof Hesperbrück. Kurze Zeit später wurde auf dem schmalspurigen Gleis der wenig effiziente Betrieb mit Pferden eingestellt. Nach der Schließung von Erzgruben und Kalkwerken im Hespertal erfolgte die Stilllegung des schmalspurigen Streckenteils noch im Ersten Weltkrieg, die Gleise wurden kurze Zeit später abgebaut.

Auf der bisher ausschließlich dem Güterverkehr vorbehaltenen Strecke fand zwischen 1927 und der Stilllegung im Jahr 1972 auch Personenverkehr statt, der dem Werksverkehr der Zeche Portingssiepen diente.

Das Ende dieser Zeche im Jahr 1972 bedeutete auch das Aus für die Hespertalbahn, doch schon drei Jahre später wurde der Verein zur Erhaltung der Hespertalbahn (heutiger Name: Hespertalbahn e. V.) gegründet, der bereits ein Jahr später einen ersten Museumszug zwischen dem Bahnhof Kupferdreh und Haus Scheppen fahren lassen konnte. Leider ist die entlang des Baldeneysees im Essener Süden verlaufende Museumsstrecke zwischen Essen-Kupferdreh und Haus Scheppen nur 4,6 Kilometer lang, denn auf dem restlichen Streckenteil bis Hesperbrück wurde das Gleis entfernt, wenn auch die Trasse noch erhalten ist und als Wanderweg genutzt wird. Der Verein ist im Besitz von vier Dampflokomotiven. D 4 „Gerresheim“ mit der Achsfolge B wurde im

Lok D 5 ähnelt der DB-Baureihe 80.

Hier durften auch kleine Fahrgäste Lokführer spielen.

Jahr 1911 von der Lokfabrik Hohenzollern in Düsseldorf gefertigt und befindet sich zurzeit in Aufarbeitung. Der von der Firma Arnold Jung in Jungenthal 1956 ausgelieferte Dreikuppler D 5 wird vor dem Museumszug eingesetzt. D 7, Typ „Bismarck" mit der Achsfolge C, stammt aus dem Jahr 1923 und wurde in Kassel bei Henschel gefertigt. Sie wurde früher auf der Hespertalbahn eingesetzt und ihre Aufarbeitung ist geplant. Vierte im Bunde ist Lok D 8 aus dem Jahr 1961. Der Dreikuppler wurde bei Krupp in Essen gebaut und befindet sich im Moment in der Hauptuntersuchung. Fahrbetrieb findet auf der Hespertalbahn an verschiedenen Sonn- und Feiertagen zwischen Mai und Oktober statt, ergänzt wird das Angebot durch den „Nikolausexpress" an mehreren Tagen im Dezember und eine Weihnachtsfahrt am Heiligen Abend.

www.hespertalbahn.de

EINGESETZTE DAMPFLOKOMOTIVEN

Lok	Baujahr	Achsfolge	Hersteller	Bemerkung
D 4	1911	B	Hohenzollern	In Aufarbeitung
D 5	1956	C	Jung	
D 7	1923	C	Henschel	
D 8	1961	C	Krupp	

20 MÄRKISCHE MUSEUMSEISENBAHN

Auf der Trasse der Mitte der 1960er-Jahre aufgegebenen und später auch abgebauten Nebenbahn von Eiringhausen nach Herscheid baute der Verein Märkische Museumseisenbahn eine 2,3 Kilometer lange Schmalspurstrecke auf. Hier fährt die Sauerländer Kleinbahn auf Meterspur mit ihrer Lok „Bieberlies".

Nachdem 1861 die Hauptstrecke Hagen – Siegen durch das Lennetal und 1873 die Volmetalbahn Hagen – Brügge in Betrieb gegangen waren, wuchs auch in den Seitentälern von Lenne und Volme der Wunsch nach einem Eisenbahnanschluss. Insbesondere die auf den Höhen zwischen den beiden Flüssen gelegene Industriestadt Lüdenscheid drängte auf einen schnellen Anschluss an das Schienennetz.

Dieser Wunsch ging mit Eröffnung der Stichstrecke Brügge – Lüdenscheid im Jahr 1880 in Erfüllung. Zur selben Zeit wünschte auch die Gemeinde Herscheid – zwischen Lüdenscheid und dem Lennetal gelegen – einen Bahnanschluss zu erhalten. Anbindungen an die Kreis Altenaer Eisenbahn oder die Plettenberger Kleinbahn waren im Gespräch, letztlich gebaut wurde aber eine normalspurige Eisenbahnstrecke von Herscheid über Plettenberg nach Eiringhausen (heute Stadtteil von Plettenberg), die am 8. Juli 1915 eröffnet wurde und später mit der bereits erwähnten Stichstrecke Brügge – Lüdenscheid eine Verbindung zwischen Volme- und Lennestrecke schaffen sollte. Daraus wurde nichts, und so mussten sich die Herscheider mit einer Stichstrecke begnügen, die bereits im Jahr 1965 der automobilen Konkurrenz unterlag und im Personenverkehr stillgelegt wurde. Vier Jahre später endete auch der Güterverkehr oberhalb von Plettenberg. Zwischen Eiringhausen und Plettenberg fuhren Güterzüge noch bis zum 31. Dezember 1996. Die Strecke zwischen Plettenberg und Herscheid war bereits Jahre zuvor abgebaut worden, in Teilen war die Trasse aber erhalten geblieben. Eine Handvoll Eisenbahnfreunde schloss sich deshalb im Jahr 1982 zur Märkischen Museums-Eisenbahn zusammen mit dem Ziel, ehemals im Sauerland heimisch

Lok 60 alias „Bieberlies".

Lok „Bieberlies“ am 8. November 2015 zwischen Hüinghausen und Seissenschmidt.

gewesene schmalspurige Fahrzeuge zu erwerben, aufzuarbeiten und auch im Fahrbetrieb einzusetzen. Ursprüngliche Pläne, eine Trasse der ehemaligen Kreis Altenaer Eisenbahn zu nutzen, konnten nicht verwirklicht werden. In Verhandlungen mit der DB gelang es aber, das Gelände des ehemaligen Bahnhofs Huinghausen an der Strecke Herscheid – Plettenberg käuflich zu erwerben und von hier aus im Laufe der Zeit eine insgesamt 2,3 Kilometer lange Meterspurstrecke in Richtung Plettenberg aufzubauen.

Mittelfristig möchte man die doch recht kurze Museumsstrecke sowohl in Richtung Herscheid als auch in Richtung Plettenberg verlängern. Der Fahrbetrieb musste zunächst mit einer angemieteten Dampflok durchgeführt werden, bis ab 1992 die von der ehemaligen Kleinbahn Giesen-Bieber stammende Lok 60 „Bieberlies“ als vereinseigene Lok eingesetzt werden konnte. Bei anfallenden Reparaturarbeiten kommen gelegentlich auch Leihloks zum Einsatz, so beispielsweise in den späten 1990er-Jahren 99 6101 von den Harzer Schmalspurbahnen oder von Sommer 2020 bis zum Januar 2024 die Lok „Spreewald“ des Deutschen Eisenbahnvereins. Lok Bieberlies wird momentan (Stand Ende 2024) repariert, wann sie wieder dampft ist noch unklar, hier sollten die Internetseiten für aktuelle Informationen aufgesucht werden. Der Fahrbetrieb wird aufrechterhalten durch eine Diesellokomotive, von denen der Verein insgesamt fünf besitzt. Fahrbetrieb gibt es im Sauerland zwischen April und Oktober, ergänzt durch „Themenfahrten“ im November und Dezember. Schnell ausgebucht sind insbesondere die beliebten „Nikolausfahrten“ in der ersten Dezemberhälfte eines jeden Jahres. An Fahrtagen, deren Termine auf der Internetseite des Vereins eingesehen werden können, pendelt der Museumszug im Stundentakt zwischen dem Bahnhof Hüinghausen und der Endhaltestelle Köbbinghauser Hammer.

www.sauerlaender-kleinbahn.de

EINGESETZTE DAMPFLOKOMOTIVEN

Lok	Baujahr	Achsfolge	Hersteller	Bemerkung
Nr. 60 „Bieberlies“	C	1923	Henschel	

21 DAMPF-KLEINBAHN MÜHLENSTROTH

Keimzelle des Vereins „Dampf-Kleinbahn Mühlenstroth e. V.“ war eine Gruppe von Eisenbahnenthusiasten, die Anfang der 1970er-Jahre eine schrottreife Schmalspurlokomotive erwerben konnten.

Auf der Suche nach einer geeigneten Einsatzmöglichkeit wurde man am nördlichen Stadtrand von Gütersloh in der Nähe der Bundesstraße 61 fündig, wo die vereinseigene „Neubaustrecke“ entstand. Da der Platz beschränkt war, konnten die Gleise nur mit einer Spurweite von 600 mm verlegt werden, was eine Umspurung der Lok, die für eine Spurweite von 750 mm gebaut worden war, erforderlich machte. Im Jahr 1973 fuhren in Gütersloh die ersten Züge und in der Folgezeit gesellten sich vier weitere Loks dazu, davon drei aus der ehemaligen DDR, unter anderem von der Waldeisenbahn Muskau. Ebenfalls noch in den 1970er-Jahren erfolgte der Ausbau des Bahnbetriebswerks sowie eine Verbesserung der Gleisanlagen. Der Verein verfügt heute über die stattliche Zahl von elf Dampflokomotiven, die aber nicht alle einsatzfähig sind und von denen einige weitere auf 600 mm Spurweite umgespurt werden mussten. Sechs der im Besitz des Vereins befindlichen Maschinen sind Lokomotiven mit vier angetriebenen Achsen (Achsfolge D), fünf haben die Achsfolge B und zwei weitere verfügen mit der Achsfolge C über drei angetriebene Achsen. Bis auf zwei Maschinen handelt es sich um Tenderlokomotiven, die Lokomotiven 4 (Frank + Nicki S) und 12 (Mecklenburg) besitzen einen Schlepptender. Lok 1 (Mölm) befindet sich zurzeit als Ausstellungsstück beim

Am 4. Juni 2017 hat „Gustav“ die Aufgabe, den gut besetzten Museumszug zu ziehen.

Lokomotive 5 „Arthur Koppel“ am 18. Juli 2010 im Bahnhof Rödelheim.

Gruben- und Feldbahnmuseum Muttenthal in Witten. Gefahren wird in Mühlenstroth an den Betriebstagen, die zwischen Mai und September stattfinden. In der Weihnachtszeit werden zusätzlich noch „Nikolausfahrten“ angeboten.

www.dkbm.de

EINGESETZTE DAMPFLOKOMOTIVEN

Lok	Baujahr	Achsfolge	Hersteller	Bemerkung
Lok 1 „Mölm“	1917	B	Hohenzollern	
Lok 2 „August Bentlage“	1948	B	Henschel	
Lok 3 „August Wolf“	1919	D	Borsig	
Lok 4 „Nicki + Frank S.“	1941	C	Henschel	
Lok 5 „Arthur Koppel“	1936	B	O&K	
Lok 7 „Gustav“	1949	B	Chrzanow	
Lok 8 „Phillip S“	1913	B	Henschel	
Lok 9 „Francesca S“	1942	C	Henschel	
Lok 10 „Merapi“	1925	D	Hanomag	
Lok 11 „Solvay“	1944	D	Oberschlesische Lokomotivwerke	
Lok 12 „Mecklenburg“	1934	D	O&K	

22 MUSEUMSEISENBAHN MINDEN

Die Museumseisenbahn Minden führt Museumsverkehr auf der Strecke Preußisch Oldendorf – Bohmte der ehemaligen Wittlager Kreisbahn und auf den Strecken Minden – Kleinenbremen und Minden – Hille der Mindener Kreisbahnen durch, die einzige betriebsfähige Dampflok verkehrt allerdings nur von Minden aus, auf der ehemaligen Wittlager Kreisbahnstrecke fährt ein historischer Dieselzug.

Im Jahr 1892 wurde das preußische Kleinbahngesetz erlassen, auf dessen Grundlage 1898 eine meterspurige Eisenbahnstrecke der Mindener Kreisbahnen (MKB) von 29 Kilometern Länge zwischen Minden und Uchte eröffnet wurde. Bis 1921 kamen weitere Strecken nach Lübbecke und Kleinenbremen hinzu. Sowohl die Linie nach Kleinenbremen als auch eine weitere, die von der Uchter Strecke in Kutenhusen abzweigte und bis Wegholm führte, blieben unvollendet, denn sie sollten ursprünglich bis Uchte bzw. Rinteln führen. Zwischen den 1920er-Jahren und 1957 wurden alle Strecken der Mindener Kreisbahnen auf Normalspur umgebaut, dadurch entfiel das Umladen auf Güterwagen der Staatsbahn. Diese Rationalisierungsmaßnahme und auch der vermehrte Einsatz von Dieselfahrzeugen verhinderten die schrittweise Stilllegung jedoch nicht. Zwischen 1959 und 1974 wurde der Personenverkehr vollständig auf Busbetrieb umgestellt, mehrere Strecken des einst 83 Kilometer langen Netzes wurden inzwischen abgebaut. Heute existieren noch verschiedene Anschlussgleise in der Stadt Minden, die 13,7 Kilometer lange Strecke nach Kleinenbremen und ein Teil der Lübbecker Strecke bis zum Hafen in Hille. Im Dezember 2015 wurde allerdings bekannt, dass die Mindener Kreisbahn zum 1. November 2015 den Streckenabschnitt Nammen Grube – Kleinenbremen gesperrt hat. Da in Nammen nicht ausgestiegen werden darf, werden die Museumszüge wohl in Zukunft auf dieser Strecke nicht mehr verkehren.

Die Wittlager Kreisbahn AG eröffnete ihre Strecke von Holzhausen an der Staatsbahnstrecke Bassum – Bünde nach Bohmte an der Hauptstrecke Osnabrück – Bremen im Jahr 1900 in Normalspur. Am 1. Juli 1914 wurde diese Strecke bis Damme verlängert.

T 11 7512 „Hannover".

Wagen des stilechten „Preußenzugs“.

Die passende Lok 7906, Gattung T 13.

Zwischen 1962 und 1971 erfolgte schrittweise die Einstellung des Schienenverkehrs. Museumsverkehr findet heute noch zwischen Holzhausen-Heddinghausen und Preußisch Oldendorf statt.

Der Verein „Museumseisenbahn Minden“ entstand im Jahr 1977. Im Besitz des Vereins befinden sich die letzten beiden Exemplare der preußischen Baureihen T 11 (ehem. 7512 Hannover) und T 13 (ehem. 7906 Stettin), die auch in Länderbahnfarben lackiert sind. Beide Lokomotiven sind zurzeit in Minden abgestellt. Eine weitere alte Preußin, 7348 Kattowitz (1'C n2t / Orenstein & Koppel 1908) der Reihe T 9.3, wird zurzeit eingesetzt. Zwei weitere Dampflokomotiven, „Alice Heye“ (B n2t / Hohenzollern 1910) und 89 6237 (C n2t / Linke-Hofmann 1924) befinden sich in Preußisch Oldendorf, 89 6237 wird aufgearbeitet. Mit der Dampflok wird einmal im Monat zwischen April und Oktober von Minden-Oberstadt nach Hille gefahren. Hinzu kommen „Nikolausfahrten“ im Dezember.

www.museumseisenbahn-minden.de

EINGESETZTE DAMPFLOKOMOTIVEN

Lok	Baujahr	Achsfolge	Hersteller	Bemerkung
7512 / Hannover	1908	1'C	Union	pr. T 11
7906 / Stettin	1912	D	Union	pr. T 13
7348 „Kattowitz“	1908	1'C	O&K	
86 744	1942	1'D1'	O&K	
89 6237	1924	C	Linke-Hofmann	
Mevissen 4	1952	C	Krupp	
Alice Heye	1910	B	Hohnzollern	

23 EISENBAHNMUSEUM BOCHUM-DAHLHAUSEN

Vom Eisenbahnmuseum der Deutschen Gesellschaft für Eisenbahngeschichte in Bochum-Dahlhausen aus nach Hagen Hbf und von Hattingen über Hagen nach Ennepetal fahren die Züge der Ruhrtalbahn. Dabei kommt an ausgewählten Tagen im Ruhrtal zwischen Dahlhausen und Hagen eine Dampflok der Baureihe 38.10 zum Einsatz.

Die heute von der Deutschen Gesellschaft für Eisenbahngeschichte (DGEG) als Museumsstrecke genutzte sogenannte „mittlere Ruhrtalbahn“ führt von Dahlhausen/Ruhr (heute: Bochum-Dahlhausen) über Hattingen nach Hagen-Vorhalle, wo die Hauptstrecke von Bochum und Dortmund nach Hagen Hbf erreicht wird. Sie wurde auf dem linken Ruhrufer zwischen 1869 und 1874 gebaut und wird von planmäßigen Zügen nur noch auf dem Streckenstück zwischen Hattingen und Bochum-Dahlhausen befahren (Linie S 3 des Verkehrsverbundes Rhein-Ruhr), denn der Personenverkehr auf dem östlichen Streckenabschnitt zwischen Hattingen und Wengern-Ost wurde am 23. Mai 1971 eingestellt, während auch heute noch ein bescheidener Güterverkehr zwischen Hattingen und Herbede durchgeführt wird. Das Bahnbetriebswerk besaß bis in die 1960er-Jahre hinein, als der Kohleabbau im südlichen Ruhrgebiet unrentabel wurde, erhebliche Bedeutung für den Montanverkehr.

38 2267 mit einem Sonderzug Richtung Bochum-Dahlhausen bei Oberwengern.

Lokparade am 16. September 2012 im Eisenbahnmuseum Bochum-Dahlhausen.

Zeitweilig waren hier 50 Lokomotiven beheimatet, über 500 Eisenbahner hatten hier ihren Arbeitsplatz. Neben der Zugförderung hatte das gegen Ende des Ersten Weltkriegs errichtete Bahnbetriebswerk in den Anfangsjahren auch Instandsetzungsaufgaben für andere Bahnbetriebswerke in der Nähe zu übernehmen.

Nach der Stilllegung im Jahr 1969 wurde das Werk acht Jahre später von der DGEG übernommen und zum derzeit größten privaten Eisenbahnmuseum Deutschlands ausgebaut. Seit einigen Jahren wird dieses Museum von der durch die DGEG und die Stadt Bochum 2011 gegründeten Stiftung Eisenbahnmuseum Bochum betrieben und steht mittlerweile unter Denkmalschutz.

Es wurde schon in der Anfangszeit Keimzelle des heutigen Touristikverkehrs. Bereits 1981 begann die DGEG, mit Museumszügen von Dahlhausen aus die mittlere Ruhrtalbahn zu befahren, die inzwischen im Eigentum des Regionalverbandes Ruhr steht. Seit 2005 gibt es auf der Strecke planmäßigen touristischen Personenverkehr, der bis 2019 von der zu diesem Zweck gegründeten Ruhrtalbahn-Betriebsgesellschaft mbH durchgeführt wurde. Seitdem führen das Eisenbahnunternehmen Railflex und das Eisenbahnmuseum Dahlhausen den Verkehr gemeinsam durch. Die gesamte Infrastruktur der Strecke wird von der Touristikeisenbahn Ruhrgebiet GmbH unterhalten, eine Gesellschaft, die zu diesem Zweck vom Regionalverband Ruhr gegründet wurde. Die Strecke hat ihr zweites Streckengleis verloren, der parallel zur Ruhrtalbahn geführte Ruhrtalradweg ist teilweise auf dem Planum des zweiten Gleises angelegt worden. Auf dem verbliebenen Gleis finden regelmäßig Zugfahrten zwischen dem Eisenbahnmuseum und Wengern Ost statt, entweder mit einem Wismarer „Schweineschnäuzchen“, einer Diesellok oder mit einer Dampflokomotive der Baureihe 38.10 (38 2267), die gelegentlich auch vor Sonderzügen auf anderen Strecken zum Einsatz kommt. Die Dampfzugfahrten

werden außer an einigen ausgewählten anderen Tagen zwischen April und Oktober jeweils am ersten Sonntag eines Monats angeboten, es verkehren an diesen Tagen drei Zugpaare. Eine Fahrt von Hagen Hbf bis zur Endstation in Bochum-Dahlhausen sollte unbedingt mit einem Besuch des bereits erwähnten Eisenbahnmuseums verbunden werden. Neben zahlreichen anderen Fahrzeugen, auf die hier nicht näher eingegangen werden soll, verfügt das Museum über 15 verschiedene Dampflokomotiven, darunter seltene Exponate wie die 66 002, eine erst in den 1950er-Jahren von der DB in Dienst gestellte Personenzugtenderlok, von der nur zwei Exemplare produziert wurden. Lokomotiven der Baureihen 01 (01 008), 38 (38 2267), 44 (044 377-0), 50 (053 075-8), 55 (55 3345), 74 (74 1192), 80 (80 030), 95 (95 0028-1) und 97 (97 502) bieten einen guten Überblick über die bei Reichs- und Bundesbahn eingesetzten verschiedenen Dampfloktypen. Abgerundet wird die Sammlung durch weitere Lokomotiven von Privatbahnen und eine Tenderlok aus der Zeit der preußisch-hessischen Staatsbahn. Geöffnet ist das Museum, das auch mit Zügen des öffentlichen Personennahverkehrs erreichbar ist, dienstags bis freitags und an Sonn- und Feiertagen von 10 bis 17 Uhr. In den Wintermonaten ist das Museum ab Mitte November geschlossen.
An Sonn- und Feiertagen bietet das Museum während der Öffnungszeiten einen Triebwagentransfer von der S-Bahn-Station Bochum-Dahlhausen zum Eisenbahnmuseum an.

www.eisenbahnmuseum-bochum.de

EINGESETZTE DAMPFLOKOMOTIVEN

Lok	Baujahr	Achsfolge	Hersteller	Bemerkung
01 008	1925	2'C1'	Borsig	
044 377-0	1943	1'E	Krupp	
053 075-8	1943	1'E	Maschinenbau- und Bahnbedarf	
74 1192	1915	1'C	Hohenzollern	
RAG D724 (80 030)	1929	C	Hohenzollern	
38 2267	1918	2'C	Henschel	
Coeln 7270	1893	C1'	Borsig	
95 0028-1	1923	1'E1'	Hanomag	
97 502	1923	E	Maschinenfabrik Esslingen	
55 3345	1915	E	Henschel	
66 002	1955	1'C1	Henschel	
ELNA 2 (BLE146)	1941	1'C	Henschel	

24 SELFKANTBAHN – AUF METERSPUR

Von der ehemals 38 Kilometer langen Geilenkirchener Kreisbahn sind heute nur noch 5,5 Kilometer befahrbar. Zwischen Gillrath und Schierwaldenrath führt die Selfkantbahn zwischen April und September Schienenverkehr mit Dampflokomotiven durch.

Am 7. April 1900 wurde nahe der niederländischen Grenze die 38 Kilometer lange meterspurige „Geilenkirchener Kreisbahn" eröffnet, die von dem bekannten Unternehmen Lenz & Co. als Teil eines großen Schmalspurnetzes geplant worden war. Der umfangreiche Plan wurde aber nur zum Teil umgesetzt. Der südliche Teil der Strecke führte auf 17 Kilometern Länge von Alsdorf nördlich von Aachen zur damaligen Kreisstadt Geilenkirchen, wo auch Anschluss an die Staatsbahnstrecke Mönchengladbach – Aachen bestand, der westliche Ast von Geilenkirchen aus über Gangelt und Wehr nach Tuddern in den sogenannten Selfkant, das Grenzgebiet zwischen Geilenkirchen und Sittard in den Niederlanden. Betriebsführer war die Westdeutsche Eisenbahngesellschaft, die den Betrieb zunächst mit zweiachsigen Dampflokomotiven aufnahm, bevor leistungsfähigere Mallet-Maschinen auf die Strecke kamen. Trotz Rationalisierungsmaßnahmen geriet die Bahn nach dem Zweiten Weltkrieg in finanzielle Schwierigkeiten. Auch setzten die politischen Verhältnisse der Nachkriegszeit der Kreisbahn zu. 1949 wurde der Selfkant unter niederländische Verwaltung gestellt, die bis 1963 anhalten sollte. Die Niederländer untersagten den Fahrbetrieb auf dem Streckenabschnitt Tuddern – Gangelt, der nach 1963 nicht wieder aufgenommen wurde. Da auch auf den verbliebenen Streckenabschnitten die Nachfrage stark gesunken war, wurde der Personenverkehr der Geilenkirchener Kreisbahn in zwei Schritten zwischen 1953 und 1960 stillgelegt. Es verblieb der Güterverkehr, der überwiegend vom Transport landwirtschaftlicher Produkte geprägt war und schließlich mit Diesellokomotiven durchgeführt wurde. Auch wegen des schlechten Zustandes der Strecke zeichnete sich gegen Ende der 1960er-Jahre das Aus für die Meterspurstrecke ab. Zuletzt befahren wurde bis zum 1. Juli 1971 noch der Streckenabschnitt zwischen Geilenkirchen und Schierwaldenrath. Schon in der Endphase des Regelbetriebs gab es aber Bestrebungen, einen Teil der Kreisbahnstrecke für

B-Kuppler „Schwarzach" bei Gillrath.

Am 1. Dezember 2013 verlässt der „Nikolauszug“ den Endbahnhof Schierwaldenrath.

einen Museumsbetrieb wieder herzurichten. Bereits am 14. August 1971 konnte ein erster Museumszug seine Fahrt von Geilenkirchen aus auf dem westlichen Streckenast beginnen. Heute beschränkt sich der Fahrbetrieb auf das 5,5 Kilometer lange Streckenstück Gillrath – Schierwaldenrath, auf dem zurzeit meist fünf Zugpaare an verschiedenen Tagen zwischen April und September nach Fahrplan verkehren.

Es handelt sich bei der Selfkantbahn um die einzige erhaltene 1000-mm-Strecke Nordrhein-Westfalens neben der Drachenfelsbahn, denn die ebenfalls auf Meterspur laufende Sauerländer Kleinbahn wurde auf der Trasse einer ehemaligen Normalspurstrecke aufgebaut.

Neben zahlreichen Dieselfahrzeugen verfügt das Kleinbahnmuseum auch über sechs Dampflokomotiven, die aber nicht alle betriebsbereit sind.

www.selfkantbahn.de

EINGESETZTE DAMPFLOKOMOTIVEN

Lok	Baujahr	Achsfolge	Hersteller	Bemerkung
Regenwalde	1930	1'C1' h2t	Borsig	In Aufarbeitung
Lok 19	1956	B n2t	Jung	abgestellt
Lok 20 „Haspe“	1956	B n2t	Jung	betriebsfähig
Lok 21 „Hagen“	1956	B n2t	Jung	betriebsfähig
Lok 46	1897	B n2t	Graffenstaden	abgestellt
Schwarzach	1949	B n2t	Krauss-Maffei	betriebsfähig

25 EISENBAHNMUSEUM DIERINGHAUSEN

In Osberghausen an der Aggertalbahn von Dieringhausen nach Köln zweigt eine eingleisige Bahnstrecke durch das Wiehltal ab, deren Gleise in Waldbröl enden. Auf dieser inzwischen unter Denkmalschutz stehenden Bahn fährt neben einem MAN-Triebwagen der Dampfzug „Bergischer Löwe" mit seiner Lok „Waldbröl" und historischem Wagenmaterial.

Eine Betriebsgenehmigung bis ins Jahr 2056 wurde der Wiehltalbahn, die von Osberghausen an der Aggerbahn nach Waldbröl führt, im Jahr 2008 erteilt. Diese Genehmigung war Ergebnis eines erbitterten Rechtsstreits zwischen den Anliegergemeinden, die eine Entwidmung anstrebten, und Befürwortern des Bahnbetriebs.

Die Strecke durch das Tal der Wiehl wurde am 21. April 1897 bis Wiehl eröffnet, am 12. Dezember 1906 folgte der zweite Streckenabschnitt bis Waldbröl. Zwei Jahre später wurde die Wiehltalbahn von Hermesdorf aus mit Morsbach verbunden, von wo aus bereits ein Schienenstrang nach Wissen an der Sieg führte. Zeitweilig gab es auf dieser Strecke von Wuppertal aus Eilzugverkehr quer durch das Bergische Land bis Waldbröl. Trotzdem geriet auch diese Strecke unter automobilen Konkurrenzdruck und so endete der Personenverkehr bereits im Jahr 1965. Es war aber nicht nur der Individualverkehr, der das Aus

Am 26. April 2015 ist der „Bergische Löwe" mit drei „Donnerbüchsen" unterwegs.

Lok „Waldbröl" passiert am 20. September 2015 einen Bahnübergang im Wiehltal.

für die Strecke bedeutete. Wie auf zahlreichen anderen Strecken, so fehlte auch hier der Wille zur Aufrechterhaltung des Schienenpersonenverkehrs und so bot man bei unattraktiven Fahrplänen parallelen Busverkehr an, der die Fahrgastzahlen weiter nach unten drückte, sodass es keine Argumentationsbasis für eine Weiterführung des Personenverkehrs gab. Güterverkehr wurde im Wiehltal noch bis zum 5. Oktober 1994 durchgeführt, die Stilllegung der Strecke folgte drei Jahre später am 24. Dezember 1997. Um dem drohenden Abriss der Gleise zu begegnen, pachtete ein inzwischen gegründeter Förderkreis zur Rettung der Wiehltalbahn e. V. 1998 die Strecke und betreibt sie seitdem zusammen mit der WB Wiehltalbahn GmbH.

Neben den Eisenbahnbefürwortern gab es im Wiehltal aber auch Interessenvertreter aus Kreisen der Wirtschaft und der Anliegergemeinden, die den Abbau der Bahnstrecke wünschten, um neue Straßen bauen oder das eine oder andere Betriebsgelände erweitern zu können. Ende 2006 erwarben vier Kommunen im Einzugsbereich der Bahn von der DB AG die Strecke mit dem Ziel der endgültigen Stilllegung und des Abbaus der Gleise. Bereits einen Monat später verurteilte das Verwaltungsgericht in Köln jedoch das Land Nordrhein-Westfalen dazu, eine Betriebsgenehmigung für die Wiehltalbahn zu erteilen. Da das Land dieser gerichtlichen Aufforderung zunächst nicht nachkam, wurde erneut das Verwaltungsgericht in Köln eingeschaltet, das eine einstweilige Anordnung erließ. Das Land Nordrhein-Westfalen erteilte daraufhin am 28. Februar 2007 die Betriebsgenehmigung. Kurze Zeit später erging dann auch ein entsprechendes Gerichtsurteil. Die Anrainerkommunen gaben daraufhin ihren Widerstand auf und haben wohl inzwischen den touristischen und damit auch wirtschaftlichen Vorteil erkannt, den die Museumsbahn, die seit 2010 unter dem Namen „Bergischer Löwe" verkehrt und von der IG-Bw-Dieringhausen betrieben wird, der Region bringen kann. Inzwischen wird sogar die Wiedereinführung des planmäßigen Personenverkehrs diskutiert.

„Waldbröl“ am 26. April 2015 beim Umsetzen.

Nach Wiederherstellung der Gesamtstrecke bis Waldbröl erreichte 2010 zum ersten Mal wieder eine Dampflokomotive den Bahnhof der Stadt. Zwar ist die eingesetzte Maschine mit dem Namen „Waldbröl“, die im Eigentum des Eisenbahnmuseums Dieringhausen steht, nie planmäßig auf der Strecke selbst gefahren, stammt aber von der abzweigenden Kleinbahn Bielstein – Waldbröl, wo der Betrieb schon 1966 eingestellt worden war, und ist so authentischer Rest der Dampflokzeit im Bergischen Land. Es handelt sich um einen im Jahr 1914 bei Jung in Jungenthal an der Sieg unter der Fabriknummer 2243 gefertigten Dreikuppler. Die Maschine stand lange Zeit falsch beschriftet als technisches Denkmal in Nümbrecht und wurde über einen längeren Zeitraum bis 2008 im Eisenbahnmuseum Dieringhausen restauriert. Ende 2024 steht für die Maschine allerdings die Hauptuntersuchung an, danach wird der „Bergische Löwe“ hoffentlich wieder brüllen. So lange werden die Fahrten mit einer Diesellok der Reihe V 60 durchgeführt.

Das Museum, in einem ehemaligen Abzweigbahnhof an der Regionalbahnstrecke von Köln über Gummersbach nach Lüdenscheid gelegen, nutzt die Anlagen des früheren Bahnbetriebswerks Dieringhausen, das bis 1982 bestand und erhebliche Bedeutung für den Bahnbetrieb im südlichen Bergischen Land und im westlichen Sauerland hatte. Die dortigen Anlagen mit Ringlokschuppen, Drehscheibe, Bekohlungsanlage und Wasserkränen vermitteln auch heute noch authentische Eindrücke vom früheren Dampflokbetrieb der Deutschen Bundesbahn. Idealerweise verknüpft man die Fahrt ins Wiehltal mit einem Besuch im Museum, denn die Züge beginnen und enden im Eisenbahnmuseum von Dieringhausen. Im Regionalbahnhof Dieringhausen bestehen Anschlüsse in Richtung Köln und (ab Dezember 2017) Lüdenscheid/Hagen. Die Museumszüge verkehren von April bis Oktober jeweils sonntags alle drei Wochen. Das Eisenbahnmuseum ist jeden Samstag zwischen April und Oktober von 11 bis 17 Uhr und zusätzlich sonntags an den Dampfzugtagen geöffnet.

www.ig-bw-dieringhausen.de | www.wiehltalbahn.de

EINGESETZTE DAMPFLOKOMOTIVEN

Lok	Baujahr	Achsfolge	Hersteller	Bemerkung
Waldbröl	1914	C	Jung	

26 ARBEITSGEMEINSCHAFT HISTORISCHE HEAG

Als Keimzelle des schienengebundenen Darmstädter Nahverkehrs entstanden ab 1886 auf Meterspurgleisen Dampfbahnstrecken nach Griesheim, Eberstadt und Arheilgen.

Betrieben wurden sie durch die „Süddeutsche Eisenbahngesellschaft“ (SEG). Erweitert wurde das Netz später durch einige städtische Straßenbahnlinien. Auf der Strecke nach Griesheim und der heute bis Alsbach führenden Eberstädter Linie der ehemaligen SEG führt heute die „Arbeitsgemeinschaft Historische HEAG-Fahrzeuge im Eisenbahnmuseum Kranichstein e. V.“ Dampfzugfahrten an ausgewählten Terminen im Jahr durch. Der Name des Vereins geht zurück auf die „Hessische Eisenbahn AG“ (HEAG), eine Gesellschaft, die durch einen Zusammenschluss der SEG und der städtischen Straßenbahn entstanden war. Zum Einsatz kommt mangels eines Originalfahrzeugs bei diesen Fahrten die Lok Nr. 7 aus dem Jahr 1919, die zunächst mit einer Spurweite von lediglich 900 mm

In Griesheim schwenkt der Zug mit Lok Nr. 7 in die Wendeschleife ein.

bei dem Unternehmen Philipp Holzmann und später bei den Kalkwerken Oertelshofen unterwegs war. Erst nachdem die Lok vor der Verschrottung gerettet worden war, erfolgte die Umspurung auf die Meterspur, die nun einen Einsatz auf dem Straßenbahnnetz möglich macht. Die Fahrtage können der Internetseite des Vereins entnommen werden, im Jahr 2024 wurde nach Griesheim an fünf Tagen im September und zwischen Eberstadt und Alsbach im Mai und Juni ebenfalls an fünf Tagen gefahren.

www.historische-heag-fahrzeuge.de

EINGESETZTE DAMPFLOKOMOTIVEN

Lok	Baujahr	Achsfolge	Hersteller	Bemerkung
Lok 7	1919	B	Henschel	

Kurz vor der Endstation „Am Hinkelstein“ in Alsbach am 5. Juni 2016.

27 FRANKFURTER FELDBAHNMUSEUM

Keimzelle des heutigen Frankfurter Feldbahnmuseums war eine als Denkmal aufgestellte Feldbahnlokomotive, die vor mittlerweile 50 Jahren von Eisenbahnfreunden restauriert und betriebsfähig aufgearbeitet wurde.

Zu dieser Lok gesellten sich bis heute 20 weitere. Aus dieser Initiative ging 1975 zunächst der Verein „Frankfurter Schmalspurfreunde" und 1980 der Verein „Dampfbahn Rhein-Main e. V." hervor. Diese Zusammenschlüsse trieben den Aufbau des Museums weiter voran. Nach mehrmaligen Standortwechseln residiert das 1987 als solches gegründete „Frankfurter Feldbahnmuseum e. V." heute etwa dreieinhalb Kilometer westlich des Frankfurter Hauptbahnhofs an der Straße „Am Römerhof" in Bockenheim. Bis 1991 wurde eine insgesamt 2,1 Kilometer lange Fahrstrecke mit der Spurweite 600 mm gebaut, auf der wirklichkeitsnaher Feldbahnbetrieb simuliert werden kann. Von den insgesamt 21 Lokomotiven des Vereins, deren Baujahre von 1896 bis 1952 reichen, sind immerhin

Lok HF 110C wurde bei Jung gefertigt und stammt aus dem Jahr 1952 (4. März 2018).

zehn betriebsfähig, drei weitere befinden sich gerade in Aufarbeitung. Neben B-, C- und D-Kupplern gehören zu den betriebsfähigen Maschinen so interessante wie eine fünffach gekuppelte Maschine von Orenstein und Koppel aus dem Jahr 1925 und eine vierzylindrige Baldwin-Lok aus dem Jahr 1916 mit der Achsfolge B'B'. Auch Feldbahnlokomotiven mit Diesel-, Benzin/Benzol- und Elektroantrieb sind dort zu bewundern. Das Museum ist an jedem ersten Freitag und Samstag im Monat geöffnet, Fahrbetrieb findet allerdings nur einmal monatlich an Tagen statt, die auf der Internetseite des Vereins aufgelistet sind.

www.feldbahn-ffm.de

EINGESETZTE DAMPFLOKOMOTIVEN

Lok	Baujahr	Achsfolge	Hersteller	Bemerkung
1	1900	B	Heilbronn	
2	1925	B	Henschel	
3	1896	B	Jung	
4	1906	B	O&K	
5	1941	B	Jung	
6	1935	B	Henschel	
7	1915	C	Decauville	
8	1914	D	Borsig	
9	1918	B	Henschel	
10	1917	C	Henschel	
11	1952	C	Jung	
12	1948	B	Henschel	
13	1909	B'B	O&K	
14	1906	C1'	Jung	
15	1942	B	Henschel	
16	1925	E	O&K	
17	1921	B	Krauss	
18	1921	B	O&K	
19	1923	D	Hanomag	
20	1916	B'B'	Baldwin	
21	1905	B1'	Jung	

28 HESSENCOURRIER KASSEL – NAUMBURG

Privatpersonen, Gebietskörperschaften und die AG für Bau und Betrieb gründeten 1901 die Kassel-Naumburger Eisenbahn AG. Deren 33,4 Kilometer lange Strecke führt von Kassel aus westwärts über Baunatal, Schauenburg und Bad Emstal nach Naumburg (Hessen).

Die kurvenreiche Bahn muss auf Teilstrecken mit 233 Metern auf einer Entfernung von nur 14 Kilometern beachtliche Höhenunterschiede überwinden, an einer Stelle wurde eine Steigung von 2,9 Prozent erforderlich. Die Eröffnung der Strecke erfolgte in zwei Etappen: Vom 29. Oktober 1903 an konnte zwischen Kassel-Wilhelmshöhe Kleinbahnhof und Elgershausen gefahren werden, ein knappes halbes Jahr später, am 31. März 1904, war die Gesamtstrecke bis Naumburg befahrbar. Mitte der 1960er-Jahre wurde die Kassel-Naumburger Eisenbahn von der Hessischen Landesbahn übernommen. Die

Zwei Dampfloks erlebt man zum Beispiel um den Jahreswechsel (28. Dezember 2019).

Einstellung des Personenverkehrs erfolgte am 4. September 1977, der Güterverkehr folgte auf dem Streckenabschnitt zwischen Baunatal und Naumburg am 31. März 1991, östlich von Baunatal verkehren auch heute noch Güterzüge zum VW-Werk Baunatal. Schon fünf Jahre vor dem Ende des Personenverkehrs begann zwischen Kassel und Naumburg der Museumsbahnverkehr, durchgeführt vom Verein Hessencourrier e. V. Diese Fahrten, unterstützt von einem eigens zu diesem Zweck vom Hessencourrier und ortsansässigen Gebietskörperschaften 1992 gegründeten Verein Regionalmuseum Naumburger Kleinbahn e. V. (RMN) sicherten bisher den Bestand der Strecke. Bereits Ende der 1970er-Jahre konnte der Verein eine erste Dampflokomotive anschaffen. Lok HC 5 wurde 1952 bei Henschel in Kassel als Zweiachser gebaut und verfügt seit einem Umbau in einem Wittener Stahlwerk über eine auf Nebenbahnen selten anzutreffende Ölfeuerung. Obwohl diese Lok ganz in der Nähe in Kassel entstanden war, sollte mittelfristig ein Originalexponat der Kassel-Naumburger Eisenbahn auf der Strecke zum Einsatz kommen. Ab 1982 wurde in dreijähriger ehrenamtlicher Arbeit die letzte auf der Strecke zum Einsatz gekommene Dampflok wieder betriebsfertig aufgearbeitet. Die Lok ist aktuell betriebsfähig. Für schwerere Züge konnte der Verein 1990 mit 52 4544 eine ehemalige „Kriegslok" der Deutschen Reichsbahn in Polen erwerben, bei der zurzeit eine Hauptuntersuchung ansteht. Ebenfalls eine fünfachsige Güterzuglok ist 50 3691, die vier Jahre später aus den neuen Bundesländern nach Kassel gelangte, inzwischen aber nicht mehr zum Bestand des Vereins gehört. Die abgestellte 81 004 der ehemaligen Deutschen Bundesbahn ist das letzte Exemplar einer nur zehn Exemplare umfassenden Serie von vierachsigen Rangierlokomotiven. Die 1928 bei Hanomag entstandene Lok wurde bei der DB im Jahr 1963 ausgemustert und konnte 1996 erworben werden. Neben den erwähnten Dampflokomotiven verfügt der Verein noch über einen interessanten Wagenpark, eine Diesellok und eine VW-Draisine.

Die Museumsbahnfahrten finden an ausgewählten Tagen wie Ostern statt, aber auch, wenn örtliche Feste Zubringerfahrten nahe legen. Darüber hinaus werden auch Themenfahrten (Teddybärenfahrt, Goldener Oktober, Volldampf in die Ferien usw.) angeboten. Auch das private Chartern von Zügen ist beim Verein Hessencourrier möglich. Die allgemeinen Fahrtage können der Internetseite des Vereins entnommen werden.

www.hessencourrier.de

EINGESETZTE DAMPFLOKOMOTIVEN

Lok	Baujahr	Achsfolge	Hersteller	Bemerkung
81 004	1928	D	Hanomag	
HC 5	1952	B	Henschel	
52 4544	1944	1'E	Cegielski	
HC 206	1941	E	Krauss-Maffei	

29 HISTORISCHE EISENBAHN FRANKFURT

Auf den Gleisen der städtischen Hafenbahn in Frankfurt fahren seit 1978 an Wochenenden historische Züge des Vereins Historische Eisenbahn Frankfurt, die derzeit von der Kriegslok 52 4867 gezogen werden.

Zu Beginn des Eisenbahnzeitalters entstanden auf dem Gebiet der Stadt Frankfurt mehrere Kopfbahnhöfe am Ende der soeben gebauten Strecken. Als dieser Zustand wegen des stetig steigenden Verkehrsaufkommens schließlich unhaltbar wurde, baute die Stadt Frankfurt eine Verbindungsbahn zwischen dem Hanauer Bahnhof im Osten der Stadt und den Kopfbahnhöfen im Westen. Die zunächst sechs Kilometer, später fast acht Kilometer lange Strecke, die dem Flusslauf des Mains folgt, konnte im Juli 1859 dem Verkehr übergeben werden und wurde zunächst durch die Frankfurt-Hanauer Eisenbahngesellschaft betrieben.

Die Fahrten entlang des Mains erfreuen sich großer Beliebtheit.

Haltestelle „Eiserner Steg".

Schon 1872 ging die Betriebsführung auf die Hessische Ludwigsbahn über, später erfolgte die Verstaatlichung. Zwar endete noch vor dem Ersten Weltkrieg der zeitweilig durchgeführte Personenverkehr, gleichzeitig stieg aber die Bedeutung der Strecke im Güterverkehr durch die Eröffnung des Frankfurter Osthafens. Nach der Zerstörung großer Teile der Frankfurter Eisenbahninfrastruktur am Ende des Zweiten Weltkriegs wurde sie kurzzeitig auch wieder für den Personenverkehr im Stadtgebiet wichtig. Heute wird die Strecke täglich für Übergabefahrten im Güterverkehr und gelegentlich für Personenzugfahrten der Historischen Eisenbahn Frankfurt e. V. genutzt. Dieser Verein entstand 1978 mit dem Ziel, historisch wertvolles Eisenbahnmaterial möglichst betriebsfähig zu erhalten. Bereits ein Jahr später konnten mit der Lok 50 685 und einigen Umbauwagen mit Unterstützung der Stadt Frankfurt, die im Besitz der Gleisanlagen ist, erste Museumsfahrten durchgeführt werden. In den nächsten Jahren erwarb der Verein zahlreiche Dampflokomotiven verschiedener Baureihen. Die nicht betriebsfähigen Exponate sind im Technikmuseum Sinsheim und in Speyer abgestellt. An betriebsfähigen Dampflokomotiven besitzen die Frankfurter eine Güterzuglok der Baureihe 52. 52 4867 ist eine „Kriegslok" aus dem Jahr 1943. 1980 konnte der Verein Historische Eisenbahn die Maschine von der Graz-Köflacher-Eisenbahn erwerben und ab 1985 auf den Gleisen der Frankfurter Hafenbahn einsetzen. Das Paradestück des Vereins, die Schnellzuglok 01 118, musste am 4.8.2019 leider wegen zu hoher Instandsetzungskosten abgegeben werden. Auf der eigentlichen Hafenbahn wird nur an einigen ausgewählten Tagen gefahren, allerdings gibt es zahlreiche Sonderfahrten im Raum Frankfurt, so war 52 4867 zum Beispiel zur Wiedereröffnung der Aartalbahn dort auf einer Sonderfahrt am 3. November 2024 unterwegs und an beiden Pfingsttagen wird auf der Frankfurt-Königsteiner Eisenbahn gefahren. Genauere Angaben zu den jährlich wechselnden Terminen können den Internetseiten des Vereins entnommen werden.

www.historische-eisenbahn-frankfurt.de

EINGESETZTE DAMPFLOKOMOTIVEN

Lok	Baujahr	Achsfolge	Hersteller	Bemerkung
52 4867	1943	1'E	MBA	Ex ÖBB 152.4687

30 DAMPFKLEINBAHN BAD ORB

Nachdem der Verkehr auf der normalspurigen Stichbahn von Bad Orb nach Wächtersbach eingestellt worden war, übernahm der Verein Dampfkleinbahn Bad Orb im Jahr 2000 die Strecke und baute sie als Schmalspurbahn in einer Spurweite von 600 mm wieder auf. Seit 2006 verkehrt auf der Strecke Dampflok „Emma" mit einem Museumszug.

Am 23. Mai 1901 eröffnete die ein Jahr zuvor gegründete Bad Orber Kleinbahn AG eine 6,5 Kilometer lange normalspurige Eisenbahnstrecke, die im Bahnhof Wächtersbach an der Hauptstrecke Frankfurt – Fulda (Kinzigtalbahn) begann und mit Steigungen von bis zu 1:30 nach Bad Orb führte. Zusammen mit einigen weiteren Kleinbahnen ging die Bahn als Gelnhauser Kreisbahn 1937 in das Eigentum des damaligen Kreises Gelnhausen über. Neben den Pendelzügen, die hauptsächlich Kurgäste nach Bad Orb beförderten, gab es zeitweilig auch von Frankfurt aus durchlaufende Züge zu einem in der Nähe gelegenen Ferienlager. Im Gegensatz zu vielen anderen Nebenstrecken florierte der Personenverkehr auch nach dem Zweiten Weltkrieg bis in die 1970er-Jahre, daher verkehrten täglich bis zu zwanzig Zugpaare auf der Strecke. Trotzdem hatte die Bahn durch den aufkommenden Individualverkehr mit einem wachsenden Defizit zu kämpfen, sodass der Rechtsnachfolger des Kreises Gelnhausen, der Main-Kinzig-Kreis, an der Einstellung des Bahnbetriebs interessiert war. Diese erfolgte, beschleunigt durch einen Unfall an einem Bahnübergang, am 4. März 1995. Versuche, den Betrieb durch einen anderen Betreiber durchführen zu lassen, waren zunächst vergeblich. Im Jahr 2000 konnte die Strecke dann von der Dampfkleinbahn Bad Orb übernommen werden, einer Gruppe von ehrenamtlich tätigen Bahnenthusiasten, die es sich zur Aufgabe gemacht haben, die Strecke Bad Orb – Wächtersbach und ihre Anlagen der Nachwelt als „lebendiges Museum" zu erhalten. In den fol-

Kurz vor Bad Orb, parallel zur Straße.

In Wächtersbach ist auch ein Übergang zu den regulären Nahverkehrszügen möglich.

genden Jahren konnten die Eisenbahnfreunde den Gleiskörper wieder aufbauen, allerdings nicht in Normalspur, sondern als Schmalspurstrecke mit einer Spurweite von 600 mm. In Etappen ging es 2001 bis Aumühle und ein Jahr später zum Haltepunkt Aufenauer Berg.

Seit dem 29. Oktober 2006 ist die Gesamtstrecke zwischen Wächtersbach und Bad Orb wieder befahrbar. Betriebsmittelpunkt der Bahn ist der Bahnhof von Bad Orb, wo der größte Teil der Fahrzeugsammlung abgestellt ist und wo sich auch der unter Denkmalschutz stehende Lokschuppen aus dem Jahr 1901 befindet. Im Besitz der Kleinbahn befindet sich neben zwei Diesellokomotiven nur eine einzige Dampflok, die 1923 bei Hohenzollern in Düsseldorf gebaute „Emma", ein 55 PS starker Zweikuppler mit Schlepptender, der es auf eine Höchstgeschwindigkeit von 25 km/h bringt. Gefahren wird zwischen Wächtersbach und Bad Orb an den meisten Sonn- und Feiertagen von April bis Oktober. An diesen Tagen verkehren je Richtung zwei Züge, die von der Lok „Emma" gezogen werden. In Wächtersbach besteht jeweils Anschluss an die regulären Regionalzüge der Kinzigtalbahn. Daneben bietet der Verein auch Charterfahrten an.

www.dampfkleinbahn-bad-orb.de

EINGESETZTE DAMPFLOKOMOTIVEN

Lok	Baujahr	Achsfolge	Hersteller	Bemerkung
Emma	1923	B	Hohenzollern	

31 NASSAUISCHE TOURISTIKBAHN

Seit 2009 konnten die Züge der Nassauischen Touristikbahn zwischen Wiesbaden-Dotzheim und Hohenstein nicht mehr eingesetzt werden, weil durch einen LKW eine Brücke stark beschädigt worden war. Im November 2024 begann die Wiederinbetriebnahme.

1940 entstand im tschechischen Pilsen bei Škoda die Einheitsgüterzuglokomotive 50 1106 der damaligen Deutschen Reichsbahn. Diese Lokomotive, bei der DR der DDR-Reichsbahn rekonstruiert und als 50 3576 weiter eingesetzt, wird von der Nassauischen Touristik-Bahn e. V. auf einem Teil der sogenannten Aartalbahn, auf der bis zur Einstellung des Personenverkehrs zwischen 1983 und 1986 Bahnreisen zwischen Diez an der Lahn und Wiesbaden möglich waren, als Museumslokomotive eingesetzt. Gefahren wird dabei zwischen den Stationen Wiesbaden-Dotzheim und Hohenstein, die Reaktivierung der gesamten Aartalbahn ist aber ebenfalls ein Anliegen der Museumsbahner. Eröffnet wurde die 53,7 Kilometer lange Strecke Diez – Wiesbaden in drei Etappen von den Endpunkten aus. Am 1. Juni 1870 ging die Teilstrecke Diez – Zollhaus in Betrieb, gefolgt von einer Stichbahn Wiesbaden – Langenschwalbach (1. Mai 1889). Der Lückenschluss zwischen Langenschwalbach (heute Bad Schwalbach) und Zollhaus erfolgte am 1. Mai 1894. Bekannt wurde die Strecke zum einen wegen ihrer Steigungen von bis zu 34 Promille, die sie zu einer der steilsten im Adhäsionsbetrieb befahrenen Strecken Deutschlands machte, zum anderen aber auch durch besonders konstruierte Personenwagen, sogenannte „Langenschwalbacher", die den von Wiesbaden aus zum Heilbad Langenschwalbach reisenden Kurgästen auf der mit sehr engen Kurven trassierten Strecke eine trotzdem angenehme Reise ermöglichen sollten. Hinzu gesellte sich ab 1892 auch eine Sonderbauart der preußischen Tenderlokomotive T 9, die als „Bauart Langenschwalbach" bekannt wurde. Die Strecke war außerdem einer der Haupteinsatzorte der „Limburger Zigarre", eines Akkumulatortriebwagens im Design der frühen Bundesbahnzeit, der dem Bahn-

Im Oktober 2008 bei Wiesbaden-Dotzheim.

50 3576 wurde 1941 ausgeliefert und ist seit 2001 im Besitz der Touristikbahn.

betriebswerk Limburg/Lahn zugeordnet war (Baureihe 517). In den letzten Jahren vor Einstellung des Personenverkehrs kamen Speichertriebwagen der Reihe 515 und Dieselloks zum Einsatz. Nach dem Ende des Personenverkehrs gab es bis 1999 auf Teilabschnitten der Strecke noch Güterverkehr. Bereits im Jahr der ersten Stilllegung (Wiesbaden – Bad Schwalbach 1983) gab es Initiativen zur Reaktivierung der Strecke, drei Jahre später gründete sich die Nassauische Touristik-Bahn e. V. mit dem Ziel, auf einem Teilabschnitt einen Tourismus- und Museumsbahnbetrieb einzurichten und auch auf eine Reaktivierung der Gesamtstrecke zu drängen.

Geboten wird auf der Museumsstrecke ein Fahrbetrieb im Stil einer Nebenbahn der 1950er-Jahre. Ein Jahr nach der Vereinsgründung wurde die Gesamtstrecke mit allen Bauwerken, Stellwerken und technischen Anlagen wegen der Trassierung und der sozialgeschichtlichen Bedeutung als Bäderbahn unter Denkmalschutz gestellt, somit kam der unmittelbar drohende Abbau der Gleise nicht mehr infrage. Nach und nach sammelte der Verein eine ganze Reihe historischer Fahrzeuge, darunter auch die bereits oben erwähnte Dampflok 50 3576, die im Jahr 2001 erworben werden konnte. Einige Jahre konnten keine Fahrten auf der Museumsstrecke stattfinden, da im Jahr 2009 eine Brücke von einem LKW beschädigt wurde. Am 3. November 2024 konnte dann mit einem Festakt inklusive Sektempfang ein erstes Teilstück zwischen Wiesbaden-Ost und der Sektkellerei Henkell wieder in Betrieb genommen werden.

www.aartalbahn.de

EINGESETZTE DAMPFLOKOMOTIVEN

Lok	Baujahr	Achsfolge	Hersteller	Bemerkung
50 3576	1941	1'E	Škoda	

32 KOHLEBAHN MEUSELWITZ

Immerhin 15 Kilometer lang ist die 900-mm-Strecke der Meuselwitzer Kohlebahn, die vom Verein „Kohlebahnen Meuselwitz e. V." betrieben wird.

Die Strecke führt teilweise über die Gleise einer ehemaligen Grubenbahn aus der Zeit des Braunkohleabbaus vom zwischen Zeitz und Altenburg gelegenen Meuselwitz über Wintersdorf zum Haltepunkt Regis-Breitingen an der Strecke von Altenburg nach Leipzig. Der Bahn angeschlossen ist ein technisches Museum, das über die Geschichte des Braunkohlebergbaus in der Region informiert. Gefahren wird in Meuselwitz zwischen März und Oktober an Wochenenden und Feiertagen, allerdings nicht immer mit der Dampflok. Bei den weihnachtlichen Fahrten kommt dagegen mehrheitlich die Dampflok zum Einsatz. Dabei handelt es sich um die „Wilde Hilde", eine Kriegsdampflok der Bauart KDL-10. Der B-Kuppler wurde 1944 von Krauss-Maffei in München gefertigt und war bis zur Außerdienststellung in den 1960er-Jahren im Braunkohlekraftwerk Borken im Einsatz. 2001 gelangte die Maschine in den Besitz des Vereins Kohlebahnen Meuselwitz, 2012 begann die Aufarbeitung, die 2023 abgeschlossen werden konnte.

www.kohlebahnen.de

EINGESETZTE DAMPFLOKOMOTIVEN

Lok	Baujahr	Achsfolge	Hersteller	Bemerkung
Wilde Hilde	1944	B	Krauss-Maffei	

Am 22. Juni 2024 ist die „Wilde Hilde" bei Wintersdorf unterwegs.

33 DIE DÖLLNITZBAHN: DER „WILDE ROBERT“

Planmäßiger Personenverkehr findet auf den Strecken des Mügelner Netzes nur noch als Schülerverkehr zwischen Oschatz und Glossen statt. Hier werden unter anderem dieselelektrische Gepäcktriebwagen aus Österreich eingesetzt. Parallel dazu findet an Wochenenden und Feiertagen Museumsbahnverkehr mit Dampflokomotiven statt.

Die Döllnitzbahn in Sachsen ist der Rest eines ausgedehnten Schmalspurbahnnetzes mit dem Mittelpunkt Mügeln, das mit einer Spurweite von 750 mm ab Ende des 19. Jahrhunderts entstand und dem Transport von Kaolin und landwirtschaftlichen Erzeugnissen dienen sollte. Zunächst ging 1884 die 30,9 Kilometer lange Strecke von Oschatz über Mügeln nach Döbeln in Betrieb, vier Jahre später folgten weitere 23,9 Kilometer von Mügeln nach Neichen (Nerchau – Trebsen). 1891 stieg der vorläufige Endpunkt Oschatz zum Durchgangsbahnhof auf, als die von Mügeln kommende Strecke um 11,9 Kilometer bis Strehla verlängert wurde.

Doppelausfahrt in Nebitzschen.

Diese Strecke erreichte traurige Berühmtheit, bescheinigte man ihr doch, bei der Wirtschaftlichkeit an vorletzter Stelle aller sächsischen Schmalspurstrecken zu liegen. Noch vor dem Ersten Weltkrieg wurde das spätere „Mügelner Netz“ vollendet; seit 1903 zweigte in Nebitzschen an der Strecke nach Neichen die 6,3 Kilometer lange Zweigbahn nach Kroptewitz ab und 1909/1911 eröffnete die Schmalspurbahn Wilsdruff – Gärtitz eine 51,9 Kilometer lange Linie von Wilsdruff über Meißen-Triebischtal und Lommatzsch nach Gärtitz bei Döbeln. Die Strecken wurden bis auf den Abschnitt Kemmlitz – Nebitzschen – Mügeln – Oschatz zwischen 1964 und 1972 stillgelegt. Der verbliebene Streckenabschnitt verdankte sein vorläufiges Überleben einer Kaolingrube in Kemmlitz, von wo der Rohstoff für die Porzellanherstellung auf der Schmalspurbahn bis ins Jahr 2001 abtransportiert wurde. Bereits acht Jahre zuvor hatte die Deutsche Reichsbahn die erhalten gebliebenen Streckenteile an die private Döllnitzbahn GmbH übergeben, die ursprünglich den bereits erwähnten Kaolintransport mit gebraucht erworbenen Diesellokomotiven weiterführen sollte. Parallel dazu gründete sich der Förderverein „Wilder

Die Strecke wurde nach und nach bis zum heutigen Endbahnhof Glossen verlängert.

Robert“ mit dem Ziel, historische Bahnfahrzeuge und -anlagen zu erhalten und zu pflegen. Der Verein hat bereits Hauptuntersuchungen an Dampflokomotiven durchführen lassen und setzt Gebäude und Strecken instand.

Regelmäßiger Zugverkehr besteht heute nur aus Zügen des Schülerverkehrs auf dem Streckenabschnitt Oschatz – Mügeln – Glossen, die von dieselelektrischen Lokomotiven gezogen werden oder als Triebwagenfahrten stattfinden. An ausgewählten Wochenenden und Feiertagen setzt die Döllnitzbahn darüber hinaus dampfbespannte Sonderzüge ein. Vorhanden sind derzeit drei Dampflokomotiven der ehemaligen sächsischen Baureihe IV K mit der Achsfolge B'B'. Während 99 1561 und 99 1574 wegen Fristablaufs zurzeit nicht eingesetzt werden können und im Lokschuppen in Mügeln abgestellt sind, steht die dritte Lok mit der Nummer 99 1584 für die Sonderfahrten zur Verfügung.

Nach schwierigen Jahren plant die Döllnitzbahn GmbH die Reaktivierung der Strecke zwischen Glossen und Wermsdorf. Hintergrund dieser Planung ist die vorgesehene touristische Anbindung des Schlosses Hubertusburg. An „Dampftagen“, die dem Fahrplan auf der Internetseite zu entnehmen sind, verkehren zwischen Mügeln und Oschatz drei und in Richtung Glossen zwei Zugpaare.

www.wilder-robert.de | www.doellnitzbahn.de

EINGESETZTE DAMPFLOKOMOTIVEN

Lok	Baujahr	Achsfolge	Hersteller	Bemerkung
99 1561	1909	B'B'	Hartmann	abgestellt
99 1574	1912	B'B'	Hartmann	abgestellt
99 1584	1912	B'B'	Hartmann	

34 FICHTELBERGBAHN: DAMPF IM ERZGEBIRGE

In der „Sächsischen Dampfeisenbahngesellschaft" (SDG) sind drei Schmalspurbahnen zusammengeschlossen, die alle heute noch planmäßigen Betrieb mit Dampflokomotiven anbieten. Neben Weißeritz- und Lößnitzgrundbahn, die beide noch vorgestellt werden, gehört zu dieser Gesellschaft auch die „Fichtelbergbahn" genannte Schmalspurbahn von Cranzahl nach Oberwiesenthal im südwestlichen Erzgebirge.

Als zwischen 1866 und 1872 die normalspurige Strecke von Chemnitz über Annaberg-Buchholz und Weipert nach Komotau in Böhmen über den Kamm des Erzgebirges in Betrieb ging, sollte auch die Region um den Fichtelberg einen Bahnanschluss erhalten. Als Ausgangspunkt der Strecke wurde der Ort Cranzahl an der erwähnten Vollspurbahn ausgewählt. Von 1896 bis 1897 dauerten die Arbeiten an der 17,35 km langen 750-mm-Strecke, die von Cranzahl aus zum Ort Oberwiesenthal unterhalb des Fichtelbergs führte. Vom 19. Juli 1897 an rollten die Züge auf der Schmalspurbahn, die zwischen Anfangs- und Endpunkt einen Höhenunterschied von 238 Metern überwinden musste. Zunächst kamen auf der Strecke wie auch auf anderen sächsischen Schmalspurstrecken die bekannten Tenderlokomotiven der Reihe IV K zum Einsatz, die gegen Ende der 1920er-Jahre leistungsfähigeren Maschinen der Reichsbahnbaureihe 99.73-76 weichen mussten. Nach dem Zweiten Weltkrieg wurden dann Neubauten (BR 99.77-79) eingesetzt. Im Güterverkehr wurde der zunächst praktizierte Rollbockverkehr schon 1906 durch Rollwagen ersetzt. Auch der Personenverkehr entwickelte sich wegen des Ausflugsverkehrs zur Fichtelbergregion gut, allerdings schmälerten in den 1930er-Jahren eingeführte parallele Buskurse die Einnahmen der Bahn. Der Ausbruch des Zweiten Weltkriegs führte zu weiteren Einbußen, weil der Ausflugsverkehr zum Fichtelberg stark zurückging. Uranabbau in der Gegend von Bärenstein brachte der Bahn nach dem Krieg zunächst höhere Einnahmen. Mitte der 1960er-Jahre gab es Wirtschaftlichkeitsberechnungen, die aber zunächst nur die Schließung unbedeutender Gütertarifpunkte zur Folge hatten. Erst nach der Wende, im Jahr 1992, wurde der Güterverkehr komplett eingestellt.

Ausfahrt Bahnhof Neudorf.

99 1793 am 24. März 2016 kurz nach Verlassen des Bahnhofs Cranzahl auf Bergfahrt.

Stilllegung ist heute kein Thema mehr

Nach Übernahme durch die neu gegründete Deutsche Bahn AG schien die Stilllegung der Strecke dann nur noch eine Frage der Zeit zu sein, dies änderte sich mit Übernahme der Bahn im Jahr 1998 durch die neu gegründete BVO Bahn GmbH, einer Tochtergesellschaft der BVO Verkehrsbetriebe Erzgebirge GmbH. Seit 2007 firmiert sie unter der Bezeichnung Sächsische Dampfeisenbahngesellschaft mbh (SDG) als Tochtergesellschaft von Regionalverkehr Erzgebirge und Verkehrsverbund Oberelbe. Nun wurde in die Eisenbahninfrastruktur investiert, u. a. entstand in Oberwiesenthal auch eine moderne Lokwerkstatt, in der alle von der SDG unterhaltenen Dampflokomotiven der drei sächsischen Schmalspurbahnen untersucht werden. Um die Nachfrage zu erhöhen, wurde außerdem ein auf touristische Belange zugeschnittenes Betriebskonzept entwickelt. An normalen Fahrtagen verkehren auf der Strecke vier Zugpaare, an Tagen mit Sonderverkehr erhöht sich das Angebot auf sechs Zugpaare. Da die eingesetzten Lokomotiven gelegentlich zwischen den drei Strecken wechseln, sollen hier alle Lokomotiven der SDG vorgestellt werden. Zum Lokpark gehören vier Gruppen von Dampflokomotiven: 99 1564 und 1608 gehören zur sächsischen Gattung IV K und wurden zwischen 1909 und 1921 gebaut. Aus dem Jahr 1927 stammt die etwas stärkere 99 1713 (sächs.Gattung VI K). Alle drei haben die Achsfolge B'B'. 1929 bis 1933 entstanden die sieben noch vorhandenen „Einheitslokomotiven“ (99 1734, 1741, 1746, 1747, 1759, 1761 und 1762) mit der Achsfolge 1'E1'. Zwischen 1952 und 1957 ließ die Reichsbahn der DDR weitere Lokomotiven bauen, die in etwa den Einheitslokomotiven entsprachen. Von diesen Lokomotiven sind heute noch 15 vorhanden: 99 1771-1773, 1775-1780, 1785, 1786, 1790, 1793, 1794. Einsatzfähig sind zurzeit neun Lokomotiven, je drei auf jeder der drei Strecken. In Oberwiesenthal stationiert sind 99 1773, 1785 und 1794, Radebeul Ost ist die Heimat von 99 1713, 1741 und 1747, während in Freital-Hainsberg 99 1734, 1762 und die einzige einsatzfähige IV K (99 1608) zu Hause sind. Diese Lok kommt aber auch von Radebeul Ost aus zum Einsatz.

www.fichtelbergbahn.de

EINGESETZTE DAMPFLOKOMOTIVEN DER SDG

Lok	Baujahr	Achsfolge	Hersteller	Bemerkung
99 1564	1909	B'B'	Hartmann	
99 1608	1921	B'B'	Hartmann	
99 1713	1927	B'B'	Hartmann	
99 1734	1929	1'E1'	Hartmann	
99 1741	1929	1'E1'	Hartmann	
99 1746	1929	1'E1'	BMAG	
99 1747	1929	1'E1'	BMAG	
99 1759	1933	1'E1'	BMAG	
99 1761	1933	1'E1'	BMAG	
99 1762	1933	1'E1'	BMAG	
99 1771	1952	1'E1'	LKM	
99 1772	1952	1'E1'	LKM	
99 1773	1952	1'E1'	LKM	
99 1775	1953	1'E1'	LKM	
99 1776	1953	1'E1'	LKM	
99 1777	1953	1'E1'	LKM	
99 1778	1953	1'E1'	LKM	
99 1779	1953	1'E1'	LKM	
99 1780	1953	1'E1'	LKM	
99 1785	1954	1'E1'	LKM	
99 1786	1954	1'E1'	LKM	
99 1790	1956	1'E1'	LKM	
99 1793	1956	1'E1'	LKM	
99 1794	1956	1'E1'	LKM	

35 LÖSSNITZGRUNDBAHN: DER „LÖSSNITZDACKEL"

Noch aus dem Kaiserreich stammen zwei Lokomotiven des sächsischen Typs IV K mit Meyer-Triebwerk, die vor dem sogenannten Traditionszug zwischen Radebeul Ost und Radeburg zum Einsatz kommen. Vor den Planzügen dampfen dagegen neuere, fünfachsige Maschinen mit der Achsfolge 1'E1'.

Die nördlich von Dresden gelegene Stadt Radeburg war in der zweiten Hälfte des 19. Jahrhunderts mehrfach als Zwischenstation von Eisenbahnlinien im Gespräch. Sogar bei der Planung der Hauptstrecke von Berlin nach Dresden war eine Streckenführung über Radeburg im Gespräch. Am Ende reichte es aber nur für eine schmalspurige Nebenbahn, die mit einer Spurweite von 750 mm nach Konzessionierung im Jahr 1881 eröffnet wurde und von Radeburg aus über Moritzburg und den Lößnitzgrund nach Radebeul Ost an der Hauptstrecke Leipzig/Berlin – Dresden führte. Landwirtschaftliche Produkte waren

Am 16. April 2016 rollt 99 1789 an den Teichen bei Friedewald talwärts.

Unterhalb der Weinberge bei Radebeul.

Ortsdurchfahrt in Radebeul.

zunächst wichtigstes Transportgut auf der 16,55 km langen Strecke. Der Personenverkehr konzentrierte sich wegen des einsetzenden Ausflugsverkehrs ins Moritzburger Teichgebiet weitgehend auf den Abschnitt Radebeul Ost – Moritzburg.

Nach Übernahme der Bahn durch die Deutsche Reichsbahn sollte im Norden von Radeburg ein neuer Bahnhof entstehen, wo eine normalspurige weitere Bahnlinie geplant war, an die die Schmalspurstrecke angeschlossen werden sollte. Die zwei Kilometer lange Neubaustrecke zweigte kurz vor dem Bahnhof Radeburg von der bestehenden Linie ab. Nach provisorischer Inbetriebnahme wurden die Gleise bald wieder entfernt, da das Neubauprojekt in den 1920er-Jahren wieder aufgegeben wurde. Nach dem Zweiten Weltkrieg kam der Verkehr nur schleppend in Gang. An den Wochenenden wurden wegen des nun allerdings wieder einsetzenden Ausflugsverkehrs zusätzliche Zugpaare vorgesehen, die aber bereits zehn Jahre später wieder zur Disposition standen, als die Regierung der DDR die Stilllegung aller Schmalspurbahnen im Land verfügt hatte. Lediglich die schwierigen Straßenverhältnisse im Umfeld der Bahn verhinderten die schnelle Einstellung des Zugverkehrs. 1975 erfolgte schließlich der Beschluss, die Strecke als technisches Denkmal zu erhalten.

Noch vor der Übernahme der Strecke durch die Deutsche Bahn im Jahr 1994 wurde der verbliebene Güterverkehr eingestellt. Als 1998 die Stilllegung abermals drohte, sicherte der inzwischen gegründete Verkehrsverbund Oberelbe die Bestellung von Zugkilometern zu und die Sanierung der Strecke erfolgte aus Mitteln des Altlastenfonds des Bundes, worauf die DB von den Stilllegungsplänen Abstand nahm. 2004 wurde die inzwischen offiziell Lößnitzgrundbahn genannte Strecke zusammen mit der Weißeritztalbahn von der heute unter dem Namen Sächsische Dampfeisenbahngesellschaft (SDG) firmierenden BVO Bahn GmbH aus Annaberg-Buchholz übernommen.

Der reguläre Fahrplan der Lößnitzgrundbahn sieht täglich fünf Zugpaare zwischen Radebeul Ost und Moritzburg vor, von denen zwei bis Radeburg verlängert werden. An Tagen mit Sonderverkehr, deren Termine der Internetseite der SDG zu entnehmen sind, erhöht sich das Zugangebot auf sieben Zugpaare von und bis Moritzburg, vier davon erreichen an diesen Tagen auch Radeburg.

www.loessnitzgrundbahn.de

36 WEISSERITZTALBAHN – SCHMALSPURDAMPF

2002 zerstörte ein verheerendes Hochwasser die Trasse der Weißeritztalbahn von Freital-Hainsberg nach Kipsdorf. Heute fahren die Dampfzüge wieder bis Kipsdorf.

Wenn man zu Fuß oder mit dem Rad – anders geht es nicht – den Streckenabschnitt zwischen Malter und Freital-Cossmannsdorf erkundet, muss man sich doch sehr wundern, dass die Strecke durch das Tal der Roten Weißeritz innerhalb von nur 26 Monaten hatte gebaut werden können. Eng bietet sich das Tal dem Besucher, Gleistrasse und Fußweg schmiegen sich an die steilen Hänge. Am 3. September 1883 wurde die Weißeritztalbahn zwischen Schmiedeberg und Kipsdorf im Osterzgebirge für den Verkehr freigegeben, nachdem am 1. November 1882 der Schienenverkehr zwischen Freital – Hainsberg an der Hauptstrecke Dresden – Chemnitz und Schmiedeberg aufgenommen worden war. Wie schwierig die topografischen Verhältnisse auf der 26,4 Kilometer langen Schmalspurbahn mit 750 mm Spurweite besonders im unteren Streckenteil zwischen Malter und Freital sind, mag man den Umständen entnehmen, dass 34 Brücken errichtet werden mussten und die Kurven einen Radius bis hinunter auf 50 Meter aufweisen. Ursprünglich war geplant, die Strecke bis zum Luftkurort Altenberg weiterzuführen, hohe Kosten verhinderten die Umsetzung.

Bereits in den Anfangsjahren der Bahn war Hochwasser eine stetige Gefahr. Besonders das Hochwasser von 1897 verursachte enorme Schäden an den Brücken und der Trasse. Als Folge dieser Katastrophe suchte man nach Wegen, solche Schäden in Zukunft vermeiden zu können. Zwischen Dippoldiswalde und Malter wurde bis 1913 eine Talsperre gebaut, die eine Neutrassierung zwischen den Bahnhöfen Spechtritz und Dippoldiswalde erforderte. Die Neubaustrecke am östlichen Talhang verläuft weitgehend parallel zum Seeufer und konnte am 15. April 1912 ihrer Bestimmung übergeben werden. Ein weiterer Streckenabschnitt musste in der Ortslage Schmiedeberg verlegt werden, weil das gestiegene Güterverkehrsaufkommen durch Expansion einer Gießerei eine Ausdehnung der Bahnanlagen erforderte, die im Bahnhof Schmiedeberg nicht möglich war. Auf gut vier Kilometern Länge wurde deshalb die Weißeritztalbahn zwischen den Kilometern 18,980 (bei Obercarsdorf) und 23,117 (Buschmühle) am Talhang neu trassiert und 1924 in Betrieb genommen. Nicht nur die Industrie

99 713 am 24. April 2019 bei Ulbersdorf.

99 1734 mit einem Zug nach Dippoldiswalde am 17. April 2014 im Rabenauer Grund.

im Tal der Roten Weißeritz, auch der Tourismus sorgte für eine positive Entwicklung bei Fahrgästen und Gütertransporten. Der Wintersport auf den Höhen des Erzgebirges erforderte 1933/34 eine Erweiterung des Bahnhofs Kipsdorf. Die wachsende Nachfrage im Tourismusverkehr setzte sich nach den Nachkriegsjahren, in denen Rollmaterial beschädigt war oder als Reparationsleistung an die UdSSR abgegeben werden musste, in den 1950er-Jahren fort. Mitte der 1960er-Jahre plante die Regierung der DDR, alle Schmalspurbahnen der Republik stillzulegen und den Verkehr auf die Straße zu verlagern. Ein teilweises Umdenken zu Beginn der 1970er-Jahre brachte die Weißeritztalbahn auf eine Liste von sieben Schmalspurstrecken, die langfristig erhalten bleiben sollten. Nach der Wende 1989/90 war das Schicksal der Bahn ungewiss, eine Stilllegung konnte aber abgewendet werden. Am 17. August 2002 wurden weite Teile der Weißeritztalbahn bei einer Hochwasserkatastrophe zerstört. Mit Geldern aus dem Bundes-Fluthilfefonds konnte die Strecke zwischen Freital-Hainsberg und Dippoldiswalde bis Ende 2008 wieder hergerichtet werden, die Instandsetzungsarbeiten im oberen Teil zwischen Dippoldiswalde und Kipsdorf wurden im Jahr 2014 aufgenommen. Heute fahren die Züge wieder auf der gesamten, 26,3 Kilometer langen Strecke zwischen Freital-Hainsberg und Kurort Kipsdorf, auf der Gesamtstrecke verkehren täglich allerdings nur zwei Zugpaare, ein weiteres läuft nur zwischen Freital-Hainsberg und Dippoldiswalde. An Tagen mit „Sonderverkehr" erhöht sich das Zugangebot auf vier Zugpaare auf der Gesamtstrecke und zwei weitere von und nach Dippoldiswalde. Betrieben wird die Weißeritztalbahn heute von der Sächsischen Dampfeisenbahngesellschaft.

Die Dampfzüge verkehren als Regelzüge täglich, im Jahr 2014 wurden noch täglich sechs Zugpaare angeboten, je zwei morgens, mittags und am Spätnachmittag im Abstand von zwei Stunden.

www.weisseritztalbahn.com

37 MUSEUMSBAHN SCHÖNHEIDE

Gleich mehrere Rekorde beansprucht die ehemals im westlichen Sachsen gelegene Schmalspurbahn von Wilkau nach Carlsfeld. Sie war die erste in Sachsen eröffnete Schmalspurstrecke, gleichzeitig die längste 750-mm-Strecke und auch diejenige mit dem steilsten Anstieg im Streckenverlauf. Nach der Stilllegung befand sich in der an der Strecke gelegenen Stadt Kirchberg auch noch die älteste erhaltene Lokomotive der sächsischen Reihe IV K (99 581), die aber 1983 leider verschrottet wurde.

Doch zunächst zu den Anfängen. Um der Stadt Kirchberg einen Bahnanschluss zu verschaffen, wurde am 16. Oktober 1881 zwischen Wilkau und Kirchberg eine Schmalspurbahn mit 750 mm Spurweite eröffnet. Schon im Folgejahr konnte am 30. Oktober 1882 die Strecke bis Saupersdorf verlängert werden. Ziel des Weiterbaus war das 535 Meter höher als Wilkau gelegene Carlsfeld. In zwei Bauabschnitten wurde dieses Vorhaben realisiert, allerdings sollte es noch 15 Jahre dauern, bis die insgesamt 41,9 Kilometer lange Strecke vollständig fertiggestellt werden konnte. Ab dem 14. Dezember 1893 fuhren Züge zwischen Saupersdorf und dem an der ehemaligen Normalspurstrecke von Aue nach Adorf gelegenen Wilzschhaus. Dreieinhalb Jahre später war am 21. Juni 1897 die gesamte Strecke befahrbar. Nach anfänglichen Einsätzen der sächsischen Baureihe I K kamen schon ab 1893 Lokomotiven der Reihe IV K zum Einsatz, die der Strecke auch bis zur Stilllegung vor knapp 40 Jahren treu blieben. Wie die meisten schmalspurigen Eisenbahnen Sachsens hat diese Linie das Zeitalter der zunehmenden Motorisierung des Straßenverkehrs nicht überlebt. 1967 endete der Schienenverkehr zwischen Schönheide Süd und Carlsfeld sowie zwischen Kirchberg und Saupersdorf, sodass der Fahrbetrieb nun auf zwei unverbundenen Stichstrecken abgewickelt wurde. Drei Jahre später endete am 31. Dezember 1970 auch der Verkehr zwischen Saupersdorf und Rothenkirchen,

99 516 im März 2016 mit dem „Osterzug".

Im Lokschuppen von Schönheide.

am 2. Juni 1973 folgte der Abschnitt Wilkau-Haßlau – Kirchberg. Auf dem letzten verbliebenen Streckenabschnitt zwischen Schönheide Süd und Rothenkirchen wurde der letzte Personenzug am 27. September 1975 abgefertigt, der Güterverkehr hielt sich etwas länger und wurde in zwei Schritten beendet. Am 4. Februar 1976 fuhr der letzte Güterzug zwischen Stützengrün und Rothenkirchen und zwischen Stützengrün und Schönheide Süd war am 30. April 1977 Schluss. In den beiden folgenden Jahren wurde die Strecke weitgehend abgebaut.

Am 5. April 1991 wurde die Museumsbahn Schönheide/Carlsfeld e. V. gegründet Der Verein hat das Ziel, den 16,2 Kilometer langen Streckenteil von Stützengrün nach Carlsfeld wiederherzustellen. Schon 1994 konnte der Abschnitt zwischen Schönheide Mitte und Schönheide Nord in Betrieb genommen werden, in den Jahren bis 2001 wurde in Etappen der Abschnitt bis Stützengrün-Neulehn eröffnet. Ein Weiterbau nach Carlsfeld musste danach allerdings wegen Streitigkeiten im Verein zurückgestellt werden, daher beschränkt sich der Museumsbahnbetrieb heute auf die bisher fertiggestellten 3,3 Kilometer. Der Verein besitzt drei Dampflokomotiven der ehemaligen sächsischen Reihe IV K. 99 582 (betriebsfähig) wurde 1912 gebaut, erhielt im Jahr 2000 einen neuen Kessel und befindet sich seit dem 10. August 1992 im Vereinsbesitz. Zum selben Zeitpunkt gelangte die ebenfalls 1912 entstandene 99 585 zur Museumsbahn Schönheide. Diese Lokomotive wurde 2020 für 20 Jahre an den Verein Schwarzbachbahn e. V. verliehen und soll dort wieder betriebsfähig hergestellt werden. Älteste Lokomotive des Vereins ist die 1892 auch von Hartmann gebaute 99 516, die 1996 als Dauerleihgabe der Gemeinde Rothenkirchen der Museumsbahn überlassen wurde. Gefahren wird auf der Museumsbahn fast das ganze Jahr über, ausgenommen im Januar, an ein bis zwei Tagen im Monat und zusätzlich auf Bestellung. In den Sommerferien und an wenigen weiteren Tagen wird ein Dieselfahrzeug eingesetzt. An den Fahrtagen werden zwischen Schönheide und Stützengrün-Neulehn jeweils sechs Zugpaare angeboten, die Fahrt dauert hin und zurück gut 50 Minuten.

www.museumsbahn-schoenheide.de

EINGESETZTE DAMPFLOKOMOTIVEN

Lok	Baujahr	Achsfolge	Hersteller	Bemerkung
99 516	1892	B'B'	Hartmann	
99 582	1912	B'B'	Hartmann	
99 585	1912	B'B'	Hartmann	

38 PRESSNITZTALBAHN: DURCHS ERZGEBIRGE

Auf einem knapp acht Kilometer langen Teilstück der ehemaligen Schmalspurbahn von Wolkenstein nach Jöhstadt führt die IG Preßnitztalbahn schmalspurigen Museumsverkehr mit Dampfzügen durch.

Am 1. Juni 1892 wurde im Erzgebirge die gut 24 Kilometer lange schmalspurige Eisenbahn mit der Spurweite 750 mm von Wolkenstein nach Jöhstadt eröffnet. Knapp ein Jahr später kamen noch einmal 1,38 Kilometer bis zur böhmischen Grenze hinzu. Der von Anfang an wichtige Güterverkehr, seit 1911 mit Rollwagen durchgeführt, sicherte die Existenz der Strecke auch nach dem Zweiten Weltkrieg, weil ein Kühlschrankwerk in Niederschmiedeberg für hohes Frachtaufkommen sorgte. Trotzdem wurde Mitte der 1960er-Jahre die Stilllegung der Strecke ins Auge gefasst, da umfangreiche Sanierungsarbeiten anstanden. Wegen des bedeutenden Güteraufkommens auf dem Streckenabschnitt Niederschmiedeberg – Wolkenstein und fehlender Transportmöglichkeiten auf der Straße war an eine Umspurung dieses Streckenabschnitts bei gleichzeitiger Stilllegung der Reststrecke gedacht worden. Letztendlich investierte der Staat aber doch in den Ausbau der Straße und so endete zunächst der Güterverkehr auf dem besonders maroden Streckenstück zwischen Steinbach und Jöhstadt im Jahr 1982. Im Laufe des Jahres 1984 wurde der gesamte Perso-

Ab Steinbach führt die Strecke entlang des Flüsschens Preßnitz (27. März 2016).

nenverkehr eingestellt. So verblieb der Strecke nun nur noch der Kühlschranktransport von Niederschmiedeberg nach Wolkenstein, der sich bis zum Jahresende 1986 halten konnte; die Demontage der Gleisanlagen erfolgte bis 1989.

Noch vor der Wende bildete sich eine IG Preßnitztalbahn, die am 28. Oktober 1990 auf ihrer Hauptversammlung den Wiederaufbau eines Teils der ehemaligen Preßnitztalbahn im Abschnitt zwischen Jöhstadt und Schmalzgrube mit der Option auf Weiterbau bis Steinbach beschloss. Inzwischen wird bis Steinbach gefahren und 2022 wurde der Beschluss gefasst, die Strecke bis 2030 nach Oberschmiedeberg zu verlängern. Im Folgejahr konnten bereits zwei Dampflokomotiven des ehemaligen sächsischen Typs IV K von der Deutschen Reichsbahn käuflich erworben werden. Es handelte sich um die Loks 99 1542-2, die von der Kleinbahn Oschatz – Mügeln – Kemmlitz stammte, und 99 1568-7, eine früher im Preßnitztal eingesetzte Maschine. Im Jahr 1992 gelangte mit 99 1590-1 eine weitere IV K in den Lokpark der Bahn. Inzwischen sind mit weiteren ehemaligen sächsischen Loks der Reihe IV K (99 1715-4, 99 1594-3), der letzten in der DDR 1966 gebauten Dampflok (99 4511-4), einer ehemaligen Heeresfeldbahnlok und einem Nachbau der ehemaligen sächsischen Reihe I K aus dem Jahr 2009 insgesamt sieben Dampflokomotiven im Bestand.

Der Aufbau der Gleise begann im Jahr 1992, drei Jahre später konnte bereits bis Schmalzgrube gefahren werden und im Jahr 2000 rollten die ersten Züge in den Bahnhof Steinbach ein. Gefahren wird ganzjährig an ausgewiesenen Fahrtagen auch im Winter, im Sommerhalbjahr von Mai bis Oktober immer samstags und sonntags. Eine Besonderheit bei der Preßnitztalbahn sind die Fahrtage mit Zweizugbetrieb.

Während sonst mit einem Zug zweistündlich gefahren wird, verkehren an diesen Tagen zwei Züge zwischen 9 Uhr und 18 Uhr im Stundentakt.

www.pressnitztalbahn.de

EINGESETZTE DAMPFLOKOMOTIVEN

Lok	Baujahr	Achsfolge	Hersteller	Bemerkung
99 1542	1899	B'B'	Hartmann	Fabriknr. 2384
99 1568	1910	B'B'	Hartmann	Fabriknr. 3450
99 1590	1913	B'B'	Hartmann	Fabriknr. 3670
99 1594	1914	B'B'	Hartmann	
99 1715	1927	E	Hartmann	Fabriknr. 4672
99 4511	1966	C	AW Görlitz	ehem. Kreisbahn Rathenow-Nauen
I K Nr. 54 / 99 7528	2009	C	DLW Meiningen	Nachbau

39 WALDEISENBAHN MUSKAU

Eine öffentliche Eisenbahn, die niemals Personenverkehr aufwies, lag im Osten des heutigen Bundesgebietes in der Nähe der polnischen Grenze zwischen den Flüssen Spree und Neiße. Heute regiert hier eine Museumseisenbahn – mit Neubaustrecke!

Im Raum Weißwasser/Muskau wurde auf Initiative des Grafen von Arnim 1895 eine Pferdebahn mit der Spurweite 600 mm eröffnet, die zur Anbindung der in der Gegend zahlreich vorhandenen Betriebe (Braunkohle- und Tongruben, Papierfabriken, Ziegeleien, Sägewerke) dienen sollte. Die Nachfrage entwickelte sich so gut, dass schon innerhalb eines Jahres von Pferde- auf Dampfkraft umgestellt werden konnte. Auch das Streckennetz wuchs unaufhörlich und erreichte schließlich eine Ausdehnung von 85 Kilometern. Zeitweilig waren elf Dampflokomotiven vor den Güterzügen im Einsatz, Personenverkehr gab es – wie schon erwähnt – auf der Waldeisenbahn Muskau nicht.

Kleine Diesellokomotiven gab es auch, diese dienten ausschließlich Rangierzwecken. Es handelte sich über viele Jahre um Heeresfeldbahnlokomotiven, die nach dem Ersten Weltkrieg zur Waldeisenbahn gelangten. Nach dem Zweiten Weltkrieg geriet die Bahn in Schwierigkeiten, weil Material als Reparationsleistung in die Sowjetunion geschafft wurde. Um den Betrieb weiterführen zu können, wurde die Bahn im Jahr 1951 von der Deutschen Reichsbahn übernommen.

99 3312 am 18. Mai 2024 im Pücklerpark in Bad Muskau.

Personenzug zum „Schweren Berg".

1966 wurde noch eine neue Strecke zur Tongrube Mühlrose angelegt, das Ende des kostenaufwendigen Betriebs zeichnete sich aber bereits drei Jahre später ab, als die Braunkohlegrube „Frieden" als wichtiger Kunde stillgelegt wurde. Im März 1978 endete der Schienenverkehr, das etwas über zwölf Kilometer lange Streckenstück zwischen der Tongrube Mühlrose und der Ziegelei Weißwasser wurde aber bis zur Schließung der Ziegelei im Jahr 1991 als Werkseisenbahn weiter genutzt, hier kamen Diesellokomotiven zum Einsatz. Schon wenige Jahre nach Einstellung des Schienenverkehrs bemühten sich Eisenbahnfreunde aus Weißwasser, zumindest die noch vorhandenen Reste der Waldbahn zu erhalten. Bereits 1984 führten sie auf der Werksbahn erste Personenzugfahrten durch. Nach der Wende erreichte der Verein Waldeisenbahn Muskau e. V., dass mithilfe von Arbeitsbeschaffungsmaßnahmen die abgebaute Strecke nach Kromlau nördlich von Weißwasser wieder aufgebaut werden konnte. Hier fanden erste Fahrten 1992 statt. 1993 wurde die Waldeisenbahn Muskau GmbH gegründet, um nun planmäßigen Tourismusverkehr anbieten zu können. Ihr gelang es auch, die abgebaute Strecke nach Bad Muskau wieder aufzubauen. Ab 1995 konnte so von Weißwasser aus sowohl nach Kromlau als auch nach Bad Muskau gefahren werden. Inzwischen sind auch wieder Fahrten auf der Tonbahn möglich. Sie führen aber nicht zur Grube Mühlrose, denn das letzte Streckenstück wurde wegen der Lage im Bereich einer Braunkohlegrube abgebaut. Als Ersatz entstand ab 2015 eine kurze Neubaustrecke zu dem bekannten Aussichtspunkt „Turm am schweren Berg" etwas weiter östlich, die Finanzierung wurde vom Energiekonzern Vattenfall übernommen. Dampfbetriebene Züge fahren auf der Waldeisenbahn Muskau von April bis Oktober an ausgewählten Tagen mit Ausnahme des Monats Juli. An diesen Tagen werden sechs Zugpaare angeboten.

www.waldeisenbahn.de

EINGESETZTE DAMPFLOKOMOTIVEN

Lok	Baujahr	Achsfolge	Hersteller	Bemerkung
99 3312	1912	D	Borsig	Fabriknr. 8472
99 3315	1917	D	Henschel	
99 3317	1918	D	Borsig	Fabriknr. 10306
Hilax	1938	B	Jung	
Nr. 5	1928	B	Borsig	

40 ZITTAUER SCHMALSPURBAHN

Im südöstlichsten Zipfel unseres Landes fährt die derzeit einzige Schmalspurbahn mit einem Abzweigbahnhof (außerhalb der Harzer Schmalspurbahnen). Von der Stadt Zittau aus führt sie auf 750-mm-Spur in südwestlicher Richtung hinauf ins Zittauer Gebirge bis nach Bertsdorf. Hier verzweigt sich die Strecke in die Äste nach Kurort Oybin und Jonsdorf.

Bereits in den 1880er-Jahren kam in den Gemeinden des Zittauer Gebirges der Wunsch nach einer Eisenbahnanbindung auf, denn der Transport von Bau- und Brennstoffen, aber auch von Ausflüglern, die dort Erholung suchen wollten, war mit Pferdefuhrwerken kaum noch zu bewältigen. Obwohl im Königreich Sachsen in dieser Zeit der Grundsatz galt, dass Eisenbahnen vom Staat zu bauen seien, erteilte die Regierung die Genehmigung zum Bau einer schmalspurigen Eisenbahn von Zittau nach Oybin und Jonsdorf durch die Zittau-Oybin-Jonsdorfer Eisenbahngesellschaft (ZOJE). Die Inbetriebnahme für den öffentlichen Personen- und Güterverkehr erfolgte am 15. Dezember 1890. Die Strecke zweigte im Eröffnungsjahr noch auf dem Stadtgebiet Zittau von der bereits 1884 eingeweihten Schmalspurstrecke Zittau – Markersdorf ab und erreicht bei Kilometer 8,9 den Abzweigbahnhof Bertsdorf. Von hier aus geht es auch heute noch fast vier Kilometer weiter nach Jonsdorf oder in Richtung Oybin, das etwas über drei Kilometer entfernt liegt. Nach Übernahme durch die Sächsische Staatsbahn gab es Überlegungen, die Strecke zu elektrifizieren und auf Normalspur umzubauen. Dazu kam es zwar nicht, dafür wurde beschlossen, den Streckenabschnitt zwischen Zittau Vorstadt und Oybin wegen des stark angestiegenen Wochenendausflugsverkehrs zweigleisig auszubauen. Vom 13. April 1913 an konnte dieser Streckenteil kreuzungsfrei befahren werden. Gleichzeitig wurden die älteren Schmalspurmaschinen durch leistungsfähigere des sächsischen Typs IV K abgelöst, was zu einer Beschleunigung des dichten Wochenendverkehrs führte. Genau wie der Personenverkehr nahm auch der Güterverkehr bis Ende der 1930er-Jahre zu. In den Anfangsjahren waren schmalspurige Güterwagen im Einsatz gewesen, die ein Umladen in Zittau erforderten, und deshalb später durch Rollböcke und Rollwagen ersetzt wurden.

Der Zweite Weltkrieg beendete vorläufig die Erfolgsgeschichte der Bahn, bereits 1943/44 war das zweite Streckengleis zwi-

Im Bahnhof Bertsdorf.

Die Einfahrt Bertsdorf aus Richtung Oybin wird durch ein Formsignal gesichert.

schen Zittau und Oybin entfernt worden und in den ersten Jahren nach Kriegsende war auch an Ausflugsverkehr kaum zu denken, der erst nach Gründung der DDR allmählich wieder zunahm. Genau wie in der Bundesrepublik geriet die Bahn unter Konkurrenzdruck des Individualverkehrs und parallel angebotener Buslinien. Trotzdem überstand die Bahn auch Stilllegungspläne und wird heute von der Sächsisch-Oberlausitzer Eisenbahngesellschaft (SOEG) betrieben. Besuchen sollte man die Bahn in den im Fahrplan als Hauptsaison bezeichneten Zeiten, da dann wesentlich mehr Züge unterwegs sind.

www.zittauer-schmalspurbahn.de

EINGESETZTE DAMPFLOKOMOTIVEN

Lok	Baujahr	Achsfolge	Hersteller	Bemerkung
99 555	1908	B'B'	Hartmann	Fabriknr. 3208
99 731	1928	1'E1'	Hartmann	Fabriknr. 4678
99 735	1928	1'E1'	Hartmann	
99 749	1929	1'E1'	BMAG	Fabriknr. 9598
99 750	1929	1'E1'	BMAG	
99 757	1933	1'E1'	BMAG	
99 758	1933	1'E1'	BMAG	Fabriknr. 10149
99 760	1933	1'E1'	BMAG	Fabriknr. 10151
99 787	1955	1'E1'	LKM	Fabriknr. 32025
99 4532	1924	D	O&K	

41 BROHLTALBAHN – DER VULKANEXPRESS

Die Brohltalbahn ist eine der wenigen Schmalspurbahnen Deutschlands, die noch planmäßigen Güterverkehr aufweisen. Seit 2015 kommt im Museumsverkehr die einzige erhaltene Dampflokomotive der Bahn, eine Mallet-Maschine mit der Achsfolge B'B', wieder zum Einsatz.

Um das vom Rheintal aus in die Eifel führende Brohltal mit bedeutenden Phonolithvorkommen durch eine Eisenbahnstrecke zu erschließen, wurde im Jahr 1896 die Brohltal-Eisenbahn-Gesellschaft durch die in Köln ansässige Westdeutsche Eisenbahngesellschaft gegründet. Von Brohl am Rhein aus sollte eine knapp 24 Kilometer lange meterspurige Strecke bis nach Kempenich gebaut werden, wobei bis Engeln ein Höhenunterschied von 398 Metern (Brohl 67 m u. NN / Engeln 465 m u. NN) zu überwinden war. Fünf Jahre dauerte es, bis am 14. Januar 1901 die ersten 17,5 Kilometer bis zum Ort Engeln eingeweiht werden konnten. Auf diesem Streckenabschnitt war zwischen Oberzissen und Engeln ein Steilstreckenstück mit einer Steigung von 1:20 eingeplant, das durch eine Zahnstange des Systems Abt bewältigt werden sollte.
Der Zahnstangenbetrieb hielt sich bis 1934, danach standen leistungsfähige Dampflokomotiven zur Verfügung, die auch im Adhäsionsbetrieb ausreichend „klettern" konnten. Bereits knapp ein Jahr nach Eröffnung des ersten Streckenstücks ging auch der Rest der Linie bis zum 2. Januar 1902 in Betrieb (Engeln – Weibern Gbf 1. Mai 1901 / Weibern Gbf – Kempenich 2. Januar 1902), zwei Jahre später entstand noch eine knapp zwei Kilometer lange Anschlussstrecke zum Brohler Rheinhafen, damit konnten die Erzeugnisse der im Brohltal angesiedelten Steinbrüche direkt auf Binnenschiffe verladen werden. Die Hafenstrecke wurde in den 1930er-Jahren mit einem Dreischienengleis ausgestattet. Nach dem Ersten Weltkrieg gingen die Aktien der Gesellschaft in den Besitz der Landkreise Adenau, Ahrweiler und Mayen über. Einen Teil übernahmen auch verschiedene Industriebetriebe. 1953 erfolgte die Umwandlung in eine GmbH und der kommunale Anteil an der Gesellschaft stieg auf 75 Prozent. Bereits 1960 erfolgten erste Einschnitte beim Personenverkehr, die Züge verkehrten nur noch zwischen Brohl und Oberzissen. Ein Jahr später, am 30. September 1961, fuhr aber auch hier der letzte planmäßige Personenzug. Der Güterverkehr blieb von Stilllegungen ebenfalls nicht verschont. Am 1. Oktober 1974 erfolgte die Einstellung des Schienenverkehrs zwischen Engeln und Kempenich, zwei Jahre später wurde die Strecke abgebaut. Der heute verbliebene Güterverkehr beschränkt sich auf den Transport von Phonolith, einen Rohstoff, der für die Glaserzeugung benötigt wird.
Die Brohltalbahn ist damit eine von lediglich drei Schmalspurbahnen in Deutschland mit regulärem Güterverkehr. 16 Jahre nach Einstellung des Personenverkehrs wurde im März 1977 ein touristischer Eisenbahnverkehr

Lok 11sm kurz vor der Abfahrt aus ihrem Heimatbahnhof Brohl am 5. Juni 2015.

eingerichtet. Als „Vulkan-Express“ befuhren nun Personenzüge, die mit einer Diesellok bespannt waren, das malerische Brohltal. Zehn Jahre nach Einführung dieses touristischen Angebots gründete sich im Jahr 1987 die Interessengemeinschaft Brohltal-Schmalspureisenbahn (IBS) und übernahm ab 1992 den Betrieb, für die Durchführung wurde die Brohltal-Schmalspureisenbahn-Betriebs-GmbH gegründet, die auch deutschlandweit Güterverkehre durchführt. Die Bahnanlagen wurden von der Brohltal-Eisenbahn-Gesellschaft gepachtet. Nachdem bereits zwischen 1990 und 2008 zwei polnische Schlepptenderlokomotiven für Dampf im Brohltal gesorgt hatten, kann der Vulkanexpress seit dem 1. Mai 2015 wieder von einer Dampflok gezogen werden, denn die einzige erhalten gebliebene Dampflokomotive der Brohltalbahn, eine unter der Fabriknummer 346 im Jahr 1906 bei Humboldt gebaute B'B-Lokomotive mit der Bezeichnung 11sm („sm“ für „schwere Mallet“) kann nach umfangreicher Aufarbeitung bei der MaLoWa-Bahnwerkstatt in Benndorf und Rückkehr nach Brohl im März 2015 nun vor dem Vulkanexpress eingesetzt werden. Zwischen 2022 und 2024 fand erneut eine Reparatur statt. Die Maschine ist seitdem wieder im Einsatz. Eine weitere B'B-Maschine (Henschel 1908) ist zurzeit abgestellt, soll aber aufgearbeitet werden. Die 11sm war wie ihre Schwestermaschinen 10sm und 12sm im Adhäsionsbetrieb bis ins Jahr 1964 auf der Brohltalbahn eingesetzt. Wenn auch die Züge des Vulkanexpress, der zwischen April und Oktober verkehrt, überwiegend von Diesellokomotiven gezogen werden, so werden doch zusätzlich zahlreiche „Dampftage“ im Brohltal angeboten.

www.vulkan-express.de

EINGESETZTE DAMPFLOKOMOTIVEN

Lok	Baujahr	Achsfolge	Hersteller	Bemerkung
11sm	1906	B'B	Humboldt	
E 168	1908	B'B	Henschel	

42 KUCKUCKSBÄHNEL – INS ELMSTEINER TAL

Bereits vor mehr als 50 Jahren endete der Personenverkehr auf der Strecke von Lambrecht nach Elmstein in der Pfalz. Heute bietet die Kuckucksbähnel-Betriebs-GmbH unter Assistenz der Deutschen Gesellschaft für Eisenbahngeschichte wieder Personenzugfahrten im Elmsteiner Tal an.

Vier Jahre, von 1905 bis 1909, dauerte der Bau einer knapp 13 Kilometer langen Nebenbahn durch das Tal des Speyerbachs (Elmsteiner Tal) von Lambrecht in der Pfalz nach Elmstein. Ein Jahr zuvor war im fernen München die Genehmigung zum Bau der Bahn in der damals zum Königreich Bayern gehörenden Pfalz erteilt worden, vor allem, um das in der Gegend reichlich vorhandene Holz abtransportieren zu können. Über ein Vierteljahrhundert hatte es gedauert, bis die ersten Bemühungen ortsansässiger Unternehmer, eine bessere Verkehrsanbindung zu erhalten, von Erfolg gekrönt waren. Nach einer Probefahrt wenige Tage zuvor endete die erste offizielle Fahrt auf der neuen Strecke am 23. Januar 1909 mit einem Unfall infolge falscher Weichenstellung, bei dem leider ein Todesopfer zu beklagen war.

Zum Einsatz kamen zunächst pfälzische Dampflokomotiven, die später von den Nebenbahnmaschinen der Reihen 91.3 und 64 abgelöst wurden. In der Zeit nach dem Zweiten Weltkrieg kamen Maschinen der Reihen 57.10 und 74 hinzu. Der Dampfbetrieb endete im Elmsteiner Tal bereits 1954, die Ablösung erfolgte durch Schienenbusse der Reihe VT 95 und kleine Diesellokomotiven der Reihen V 20 und Köf. Nur sechs Jahre währte der „verdieselte" Personenverkehr zwischen Lambrecht und Elmstein, am 29. Mai 1960 verkehrte hier der letzte Personenzug. Auch der Güterverkehr, dem die Bahn knapp 70 Jahre zuvor ihre Entstehung verdankt hatte, rechnete sich schon bald nicht mehr und so verkehrte der letzte planmäßige Güterzug

Im April 2022 dampft 378.78 durchs Tal.

Historischer Zug Richtung Elmstein.

auf der zum Schluss nur noch als Anschlussgleis betriebenen Bahn am 30. Juni 1976. Ein Jahr später wurde die Bahnstrecke stillgelegt.

Erfolgreicher Widerstand

Bereits Jahre zuvor hatte es Bemühungen der lokalen Politik gegeben, die Bahn musealen Zwecken zuzuführen, was aber zunächst am Verhalten der DB scheiterte. Doch die hartnäckige Verfolgung des Ziels, eine Museumsbahn auf der inzwischen in den Besitz der Verbandsgemeinde Lambrecht übergegangenen Strecke fahren zu lassen, hatte schließlich Erfolg. Nachdem der Abbau der Strecke verhindert werden konnte, wurde am 14. Februar 1984 die Kuckucksbähnel-Betriebs-GmbH gegründet, der neben regionalen Gebietskörperschaften auch Vereine und Privatpersonen angehörten. Schon im Frühsommer desselben Jahres konnte der erste Museumszug fahren, auch weil die Strecke ein Jahr zuvor für Dreharbeiten an einer Fernsehserie teilweise instandgesetzt worden war. Die Museumszüge des Kuckucksbähnels beginnen in Neustadt an der Weinstraße, wo die Fahrzeuge durch die Deutsche Gesellschaft für Eisenbahngeschichte im dortigen Eisenbahnmuseum unterhalten werden, und befahren zunächst für sieben Kilometer die Hauptstrecke von Mannheim nach Saarbrücken, bevor die Züge hinter dem Bahnhof Lambrecht nach Süden ins Tal des Speyerbachs abbiegen.

An Dampflokomotiven vorhanden sind die österreichische Lok 378.78 aus dem Jahr 1927, die 1904 gebaute Schlepptenderlok „Speyerbach" (zurzeit abgestellt), eine ehemalige Industrielok, und die von der Achertalbahn stammende 89 7159, bei der es sich um ein aus dem Jahr 1910 stammendes Exemplar der einst zahlreich in Deutschland vertretenen preußischen Gattung T 3 handelt. Diese Lok befindet sich 2024 in Aufarbeitung. Gefahren wird an verschiedenen Wochenenden und Feiertagen von Mai bis Oktober, in den Monaten November und Dezember werden zusätzlich so genannte „Nikolausfahrten" angeboten. An diesen Tagen wird einmal zwischen Neustadt und Elmstein und einmal zwischen Lambrecht und Elmstein gefahren. Die Züge ab Lambrecht können mit der S-Bahn von Neustadt aus erreicht werden.

www.eisenbahnmuseum-neustadt.de/das-kuckucksbaehnel

EINGESETZTE DAMPFLOKOMOTIVEN

Lok	Baujahr	Achsfolge	Hersteller	Bemerkung
378.78	1927	1'D1'	St.E.G.	
Speyerbach	1904	C	Humboldt	
89 7159	1910	C	Henschel	pr. T 3

43 ALBBÄHNLE AMSTETTEN – OPPINGEN

Von den ehemals fast 19 Kilometern der Schmalspurbahn Laichingen – Amstetten sind 13 Kilometer abgebaut. Auf den restlichen 5,73 Kilometern führen die Ulmer Eisenbahnfreunde mit Lok 99 7203 und Dieselfahrzeugen Museumsverkehr durch.

Seit 1888 stritt man auf der Schwäbischen Alb über die Linienführung einer Nebenbahn, die die Orte Laichingen, Merklingen und Nellingen an die Hauptbahn von Stuttgart nach Ulm anschließen sollte. Es dauerte aber noch zwölf Jahre, bis schließlich Einigkeit über den Verlauf der Strecke erzielt worden war. Die Königlich-Württembergische Staatsbahn war wegen geringer Rentabilitätsprognosen nicht bereit, den Bau zu übernehmen, sodass die 1899 entstandene Württembergische Eisenbahn-Gesellschaft (WEG) einsprang und im selben Jahr die Konzessionierung der Strecke erreichen konnte. Die in Meterspur errichtete 18,96 Kilometer lange Strecke nahm ihren Anfang in Amstetten und führte, den ursprünglichen Intentionen folgend, über Oppingen, Nellingen und Merklingen nach Laichingen. Sie erreichte dabei eine maximale Steigung von 1:35 und war damit steiler als die benachbarte Geislinger Steige an der Hauptstrecke (Neigung 1:43). Die Eröffnung der Linie erfolgte bereits ein Jahr nach Baubeginn am 20. Oktober 1901. Dampfbetrieb gab es auf der Strecke bis Mitte der 1950er-Jahre, als man begann, wirtschaftlichere Dieseltriebwagen einzusetzen. Aber auch der Ersatz der Dampflokomotiven konnte langfristig den Betrieb der Bahn nicht sicherstellen, obwohl parallel weitere Rationalisierungsmaßnahmen ergriffen worden waren. Der Schienenverkehr konnte sich nur noch bis Mitte der 1980er-Jahre halten. Innerhalb von zwei Wochen endeten damals sowohl Personen- (31. August 1985) als auch Güterverkehr (14. Sep-

Einschnitt bei Amstetten.

Der heutige Endbahnhof Oppingen.

tember 1985) auf der (neben den Inselbahnen) letzten öffentlich betriebenen schmalspurigen Eisenbahn der Bundesbahn mit Personen- und Güterverkehr. Heute ist bis auf ein sechs Kilometer langes Reststück zwischen Amstetten und Oppingen die gesamte Strecke abgebaut.

Zwei Dampflokomotiven, aber nur eine fährt

Auf diesem Teilstück führen die Ulmer Eisenbahnfreunde seit 1990 regelmäßig Museumsbahnverkehr mit Dampf- und Dieselzügen durch. Beim „Albbähnle", wie die Bahn auch genannt wird, sind zwei Dampflokomotiven vorhanden.

Lok 2s – ein der preußischen T 3 ähnelnder Dreiachser – war früher auch auf der Strecke Laichingen – Amstetten eingesetzt und ist 1901 bei Borsig in Berlin gebaut worden. Seit 1964 stand die Maschine in Laichingen als Denkmal, ab 1977 gehörte sie dann einem privaten Fahrzeugmuseum. Erst im Jahr 1992 gelang es, die Lokomotive wieder in ihre alte Heimat zurückzuholen. Um die nicht fahrfähige Lok wieder auf ihrer Stammstrecke einsetzen zu können, fehlen den Ulmer Eisenbahnfreunden die finanziellen Mittel, daher ist die Maschine derzeit abgestellt. Im Einsatz ist an Fahrtagen dagegen Lok 99 7203, eine badische Dampflokomotive ähnlicher Bauart, die früher zwischen Mosbach und Mudau dampfte. Sie gehört zu einer Serie von vier Lokomotiven, die ebenfalls von Borsig in Berlin stammten und 1904 gebaut wurden. Als Leihgabe der Albtal-Verkehrs-Gesellschaft war die Lok im Schmalspurmuseum Viernheim der Deutschen Gesellschaft für Eisenbahngeschichte untergestellt, bevor sie – ebenfalls als Leihgabe – im Jahr 1986 den Ulmer Eisenbahnfreunden für den Betrieb auf der Strecke Amstetten – Oppingen überlassen wurde. Dort ist sie nun seit einem Vierteljahrhundert im Einsatz. Mit dieser Lok verkehrten die Museumszüge bis 2023 an ein bis zwei Tagen in den Monaten von Mai bis Oktober, ergänzt durch so genannte „Nikolausfahrten" in der ersten Dezemberwoche. Angeboten wurden an diesen Tagen jeweils vier Zugpaare. 2024 war der Bedarf an Instandsetzungsarbeiten so groß, dass keine Fahrten angeboten werden konnten. Für die Folgejahre wird auf die Internetseite verwiesen.

www.uef-dampf.de

EINGESETZTE DAMPFLOKOMOTIVEN

Lok	Baujahr	Achsfolge	Hersteller	Bemerkung
2s	1901	C	Borsig	
99 7203	1904	C	Borsig	

44 LOKALBAHN AMSTETTEN – GERSTETTEN

Mitte der 1990er-Jahre stand das Aus für die Strecke Amstetten – Gerstetten fest und der Abbau der Gleise drohte. In dieser Situation gelang es den an der Strecke liegenden Gemeinden, die Bahnflächen und Hochbauten von der Württembergischen Eisenbahn-Gesellschaft zu erwerben. Unterhalten werden die Bahnanlagen von den Ulmer Eisenbahnfreunden, die auch für die Durchführung von Museumsbahnverkehr mit historischen Fahrzeugen verantwortlich sind.

Als im heutigen Baden-Württemberg die Filstalbahn von Stuttgart nach Ulm (1850) und die Brenzbahn von Aalen ebenfalls nach Ulm (1876) in Betrieb gegangen waren, geriet der zwischen beiden Hauptbahnen auf der Schwäbischen Alb gelegene Ort Gerstetten ins wirtschaftliche Abseits. Gegen Ende des 19. Jahrhunderts bildete sich deshalb ein Bürgerverein, der sich für den Bau einer Bahnstrecke als Querspange zwischen beiden Hauptstrecken einsetzte, die über Gerstetten verlaufen sollte. Mit der Württembergischen Eisenbahn-Gesellschaft wurde man sich im Jahr 1903 schließlich einig über den Bau einer normalspurigen Nebenbahn, die in Amstetten an die Filstalbahn anschließen sollte. Trotz intensiver Bemühungen war es aber nicht gelungen, den Ort Gerstetten auch mit der Brenztalbahn in Herbrechtingen zu verbinden, sodass nur eine fast 20 Kilometer lange Stichstrecke realisiert wurde, deren Eröffnung am 1. Juli 1906 gefeiert wurde. Fünf Jahrzehnte lang beherrschten Dampflokomotiven den Verkehr zwischen Amstetten und Gerstetten, bevor 1956 die Ablösung in Form des Dieseltriebwagens T05 erfolgte. Der Wegfall von Steuerermäßigungen und Subventionen ließ im letzten Jahrzehnt des 20. Jahrhunderts den Betrieb auf der Bahn zunehmend unwirtschaftlich werden, daher stand im Juli 1996 das Aus für den Personenverkehr auf der Zweigstrecke fest. In der Folge drohten sogar die Stilllegung und der Abbau der Strecke. Dass es nicht dazu kam, ist den Anrainerkommunen und dem Verein Ulmer Eisenbahnfreunde e.V. (UEF) zu verdanken.

Nach Verhandlungen mit der Württembergischen Eisenbahn-Gesellschaft konnten die Kommunen sowohl Bahnflächen als auch Hochbauten erwerben, während die eigentliche Bahnstrecke von den Eisenbahnfreunden übernommen wurde. Dieses Modell konnte nur realisiert werden, weil die Eisenbahnenthusiasten aus Ulm sich verpflichteten, den

Am 7. Juni 2015 noch im Einsatz: 75 1118.

Mit langer Rauchfahne passiert 75 1118 am 7. Juni 2015 eine Blumenwiese.

Erhalt der Trasse sicherzustellen. 1999 wurde als eine von vier verschiedenen Sektionen der UEF der Verein UEF Lokalbahn Amstetten-Gerstetten gegründet, der diese Aufgabe und auch den Betrieb mit historischen Fahrzeugen übernommen hat. Die Fahrten auf der Strecke werden meist mit einem dem T05 von 1956 baugleichen Fahrzeug mit der Nummer T06 durchgeführt, an einem Fahrtag pro Monat zwischen Mai und Oktober wird aber auch mit Dampf gefahren und es werden drei Zugpaare angeboten. Zusätzlich werden sogenannte Nikolausfahrten mit der Dampflok durchgeführt. Zwei Dampflokomotiven sind vorhanden, von denen aber nur eine einsatzfähig ist. Abgestellt ist die Lok 98 812, eine bayerische GtL 4/4 aus dem Jahr 1914. Als 98 812 im Jahr 2014 100 Jahre alt wurde, beschloss man die Instandsetzung, für die aber noch finanzielle Mittel in Form von Spenden benötigt werden. Zweite im Bunde und ab 2025 vermutlich auch wieder betriebsbereit ist 75 1118, eine Lok des badischen Typs VIc, 1921 von der Maschinenbaugesellschaft Karlsruhe gebaut. Mit ihrem Treib- und Kuppelradmesser von 1.600 mm und einer Leistung von 790 PS ist sie bis zu 90 km/h schnell. Im Jahr 1967 schied 75 1118 aus dem Bestand der Bundesbahn aus und gelangte zur Technischen Hochschule Karlsruhe, die die Lok im Eisenbahnmuseum Neustadt/Weinstraße unterbrachte und diese später den Ulmer Eisenbahnfreunden zur Verfügung stellte. Seit 1988 ist die Lokomotive vor historischen Zügen eingesetzt, darf auf Gleisen der DB AG fahren und zieht bald wieder als letztes betriebsfähiges Exemplar der badischen Reihe VIc die Dampfzüge auf der Strecke Amstetten-Gerstetten.

www.lokalbahn-lag.de

EINGESETZTE DAMPFLOKOMOTIVEN

Lok	Baujahr	Achsfolge	Hersteller	Bemerkung
98 812	1914	D	Krauss	
75 1118	1921	1'C1'	Maschinenbaugesellschaft Karlsruhe	

45 ALB-, MURG- UND ENZTALBAHN

Die Sektion Ettlingen der Ulmer Eisenbahnfreunde e. V. bietet auf den Strecken (Karlsruhe -) Ettlingen Stadt - Bad Herrenalb (Albtalbahn), (Karlsruhe -) Rastatt - Baiersbronn (Murgtalbahn) im Sommerhalbjahr dampfgeführte Sonderzüge an. Derzeit ruht der Dampfbetrieb auf der Enztalbahn.

Die Albtalbahn nach Bad Herrenalb entstand einerseits als Folge der schlechten Anbindung der Stadt Ettlingen an die Hauptbahn Karlsruhe – Rastatt, andererseits war das Albtal Naherholungsgebiet für den Raum Karlsruhe geworden. 1897/98 entstand so eine meterspurige Eisenbahnstrecke von Karlsruhe bis Bad Herrenalb, 1899 ergänzt durch eine Zweiglinie, die von Busenbach nach Ittersbach führte. Wurden hier zunächst Kastendampfloks eingesetzt, wurde bis 1911 die gesamte Strecke elektrifiziert. Die Albtal-Verkehrs-Gesellschaft, seit 1957 im Besitz der Strecke, konnte zwischen 1958 und 1961 die Umspurung der gesamten Strecke auf Normalspur und die Verknüpfung der Strecke mit dem Karlsruher Straßenbahnnetz feiern. Durch Modernisierungsmaßnahmen konnte die Fahrzeit zwischen Karlsruhe und Bad Herrenalb auf 35 Minuten halbiert und die Zugfrequenz erheblich erhöht werden.

Die Murgtalbahn führt von Rastatt nach Freudenstadt im Schwarzwald. Sie wurde in mehreren Etappen über einen Zeitraum von 60 Jahren gebaut. 1869 ging das Teilstück Rastatt – Gernsbach in Betrieb, aber erst 1894 konnten weitere fast fünf Kilometer bis Weisenbach eröffnet werden. Sieben Jahre später war mit dem Abschnitt Freudenstadt – Klosterreichenbach ein gut elf Kilometer langer Abschnitt vom anderen Ende der Strecke her fertiggestellt. Wegen der schwierigen Topografie auf dem restlichen Streckenabschnitt im Schwarzwald war die Strecke erst 1928 durchgehend befahrbar.

Auf beiden Strecken bieten die Ulmer Eisenbahnfreunde heute auch Fahrten mit Dampflokomotiven an. Die Sektion Ettlingen des Vereins verfügt zurzeit über vier Maschinen, von denen aber aktuell nur eine

58 311, gebaut 1921 in Karlsruhe.

75 1118 hilft gelegentlich im Murgtal aus.

betriebsfähig ist. Lok 58 311 ist eine ehemals badische G 12 aus dem Jahr 1921 (Achsfolge 1'E h3) und wurde von der Maschinenbaugesellschaft Karlsruhe gebaut. 1977 kam sie aus der DDR in die Bundesrepublik, war zunächst im Dampflokmuseum Neuenmarkt-Wirsberg untergestellt und gehört seit 1984 den Ulmer Eisenbahnfreunden. Sie ist nicht nur im Schwarzwald unterwegs, sondern wird ebenso auf anderen Strecken eingesetzt. In Aufarbeitung befinden sich die beiden Einheitsloks 44 1616 (Krenau 1943) und 86 346 (Floridsdorf 1939), während die Vierte im Bunde, 50 2740 (Henschel 1942), wegen Fristablaufs abgestellt ist. Die Lok soll aber in Zukunft wieder neben der 58 311 planmäßig in Murg- und Albtal vor den Dampfzügen zum Einsatz kommen. Gefahren werden im Albtal an ausgewählten Tagen im Sommerhalbjahr zwischen Mai und Oktober zwei Zugpaare, wobei der erste und letzte Zug von/bis Karlsruhe Hbf verkehrt. Auf der Murgtalbahn fährt zwischen Juni und Oktober einmal im Monat ein durchgehender Zug von Karlsruhe Hbf über Rastatt bis nach Baiersbronn, ein weiteres Zugpaar pendelt zwischen Raumunzach und Baiersbronn, wo alle Dampfzugfahrten wegen der Steigung von 50 Promille zwischen Baiersbronn und Freudenstadt ihr Ende finden.

Zwischen Pforzheim und Bad Wildbad gab es bisher ebenfalls an ausgewählten Terminen im Sommer zwei Zugpaare, der erste und letzte Zug verkehrte von und nach Karlsruhe Hbf. Zurzeit (Winter 2024/25) sind allerdings keine Fahrten geplant.

www.uef-dampf.de

EINGESETZTE DAMPFLOKOMOTIVEN

Lok	Baujahr	Achsfolge	Hersteller	Bemerkung
58 311	1921	1'E	MBG K	Fabriknr. 2153
44 1616	1943	1'E	Fablok	Fabriknr. 1104 (in Aufarbeitung)
86 346	1939	1'D1'	LOFAG	(in Aufarbeitung)

46 DREI-SEEN-BAHN IM HOCHSCHWARZWALD

Während andere Museumsbahnen oft auf stillgelegten Strecken ihre Fahrten anbieten, verkehren die Züge der Drei-Seen-Bahn auf einer Bahnstrecke, die im Planverkehr befahren wird. Die Hochschwarzwaldstrecke von Titisee nach Seebrugg erhielt ihren Namen von den drei Seen (Titisee, Windgfällweiher und Schluchsee), deren Ufer die Bahn auf ihrem Weg nach Seebrugg passiert.

Die Strecke zweigt in Titisee von der Höllentalbahn von Freiburg nach Donaueschingen ab und führt über eine Entfernung von 19,2 Kilometern nach Seebrugg am Schluchsee. Obwohl die Konzession für die Strecke bereits 1912 erteilt worden war, konnte die Strecke erst im Jahr 1926 als Nebenbahn eröffnet werden. Als in den 1930er-Jahren die Deutsche Reichsbahn-Gesellschaft eine Versuchsstrecke für den Betrieb mit 20 Kilovolt und 50 Hertz suchte, fiel die Wahl auf die Höllentalbahn zwischen Freiburg und

52 7596 am 19. August 2012 kurz vor Feldberg-Bärental, im Hintergrund der Titisee.

Im Bahnhof Seebrugg muss der Zug zum Umsetzen auf die Abstellgleise fahren.

Neustadt und so wurde auch die in Titisee abzweigende Strecke nach Seebrugg elektrifiziert. In der Folge kamen neben Dampflokomotiven der Reihen 50, 75 und 85 auch Elektroloks der Reihe E 244 zum Einsatz. Der Inselbetrieb endete 1960, als die Strecke auf die bei der Bundesbahn übliche Spannung von 15000 Volt und 16 2/3 Hertz umgestellt wurde. Nach Abzug der Dampflokomotiven im Jahr 1962 wurden Elloks der Reihe E 40.11 (ab 1968: 139) eingesetzt. Obwohl die Drei-Seen-Bahn als Nebenbahn eingestuft ist, gab es zwischen den frühen 1990er-Jahren und 2002 auch Fernverkehr in Form eines Interregio-Zuges, der allerdings wie die Regionalbahnzüge auf sämtlichen Unterwegsstationen einen Halt einlegte. Inzwischen verkehren auf der Drei-Seen-Bahn elektrische Triebwagen im S-Bahn-Netz Freiburg, wobei werktags jeder zweite Zug im Bahnhof Titisee in Richtung Seebrugg oder Neustadt/Donaueschingen geflügelt wird.

Neben den Planzügen verkehren auf der Strecke auch Sonderzüge der Interessengemeinschaft 3-Seenbahn e. V., eines Vereins, der sich zum Ziel gesetzt hat, die Bahnanlagen im Endbahnhof Seebrugg zu erhalten und dort ein Eisenbahnmuseum einzurichten.

Diese Fahrten werden mit historischen Bahnfahrzeugen durchgeführt, mehrheitlich handelt es sich um Dampflokomotiven. Da der Verein über keine eigene Dampflokomotive verfügt, werden immer wieder Maschinen anderer Vereine eingesetzt. In den vergangenen Jahren waren dies beispielsweise 64 419 (DBK Historische Bahn), 50 2740, 58 311 (beide Ulmer Eisenbahnfreunde), 52 7596 (Eisenbahnfreunde Zollernbahn) oder 86 333 (Wutachtalbahn, seit September 2015 an die Eisenbahn-Bau- und Betriebsgesellschaft Pressnitztalbahn mbH verkauft). Der Fahrplan muss den Internetseiten der Dreiseenbahn entnommen werden, da er jährlich wechselt. In den Jahren 2024 und 2025 wurde in den Monaten Juli bis September sowie im Dezember gefahren.

www.3seenbahn.de

47 MUSEUMSDAMPF RUND UM STUTTGART

Drei Strecken gehören zum regelmäßigen Einsatzgebiet der Fahrzeuge der „Gesellschaft zur Erhaltung von Schienenfahrzeugen“: Strohgäu-, Tälesund Schönbuchbahn. Die Lokomotiven sind gelegentlich auf anderen Strecken als Gäste unterwegs.

Am 14. August 1906 wurde zwischen Korntal im Nordwesten der baden-württembergischen Hauptstadt Stuttgart und Weissach die gut 22 Kilometer lange „Strohgäubahn“ eröffnet, die ihren Namen vom Strohgäu ableitet, einer stark landwirtschaftlich geprägten Region des Neckarbeckens. Trotz der Nähe zum Großraum Stuttgart litt die Stichstrecke nach dem Zweiten Weltkrieg unter der Konkurrenz paralleler Busverkehre, daher wurde der Personenverkehr Ende der 1970er-Jahre auf vier Zugpaare täglich reduziert. Mit dem Einsatz damals moderner Triebwagen und der Einbindung der Strecke in den Verkehrs- und Tarifverbund Stuttgart ging es in den 1980er-Jahren wieder bergauf. Inzwischen verkehren die eingesetzten Regioshuttle-Triebwagen der WEG (Württembergische Eisenbahn-Gesellschaft) werktags im Halbstundentakt zwischen 5.30 Uhr und 23 Uhr. Dampflokomotiven kommen durch die in Stuttgart ansässige Gesellschaft zur Erhaltung von Schienenfahrzeugen (GES) auf die Strecke wobei an den acht Fahrtagen (Stand 2024) drei Zugpaare angeboten werden, die von 50 2273 der „Unterländer Eisenbahnfreunde Heilbronn e. V.“ gezogen werden. Gelegentlich wird auch Lok 16, alias 92 442, eingesetzt.

Nur einen Betriebstag gab es 2024 auf der ebenfalls von der GES außerhalb des Planbetriebs befahrenen „Tälesbahn“ zwischen Nürtingen und Neuffen zu erleben. Drei Zugpaare verkehren auf der Strecke, wobei der erste und letzte Zug bis Ludwigsburg durchgebunden wird. Die knapp neun Kilometer lange Nebenbahn zweigt in Nürtingen von der Strecke Tübingen – Plochingen ab. Die auf dieser Strecke verkehrenden Dampfzüge laufen unter dem Namen „Sofazügle“, Zuglok ist neben diversen Gastlokomotiven eine 1905 gebaute T 3 (89 363), die als einzige betriebsfähige Lokomotive der ehemaligen Königlich-Württembergischen Staatseisenbahn gilt. Eingesetzt wird aber auch der sogenannte Hohenzollernzug, ein technisches Kulturdenkmal des Landes Baden-Württemberg, bestehend aus den Lokomotiven 11 (Maschinenfabrik Esslingen 1911) und 16 (AEG 1928) und einer Reihe von Personenwagen der Hohenzollerischen Kleinbahn-Gesellschaft (später Hohenzollerische Landesbahn). Gefahren wird an

Abstellgleis der GES im Bahnhof Neuffen.

Zwischen Münchingen und Schwieberdingen ist 50 2273 am 1. Mai 2024 unterwegs.

mehreren Tagen zwischen Juni und Oktober sowie einmal im Dezember.

Dritte Strecke im Bunde ist die 1996 für den öffentlichen Personenverkehr reaktivierte Schönbuchbahn Böblingen – Dettenhausen. Fahrzeiten findet man auf den Internetseiten der beiden anderen Strecken. Der Verein GES wurde im Jahr 1965 gegründet und beschäftigte sich zunächst mit der Erhaltung eines historischen Straßenbahnwagens der ehemaligen Filderbahn. Daneben gab es aber auch in den Anfangsjahren schon Mitglieder, die sich eher für die „richtige" Eisenbahn interessierten, sodass die Straßenbahnfreunde später aus dem Verein ausschieden und einen eigenen Verein gründeten. In diesen Jahren konnte die GES die bereits erwähnten Lokomotiven 11 und 16 erwerben und auf verschiedenen Nebenstrecken Württembergs Dampfzugfahrten anbieten. Während der Zeit des Dampflokverbots auf DB-Strecken verlagerte man die Fahrten des „Feurigen Elias" und des „Sofazügles" auf die Strohgäu- und Tälesbahn, wo sie heute noch eingesetzt werden, der „Feurige Elias" kommt allerdings auch auf anderen ausgewählten Strecken zum Einsatz.

www.ges-ev.de/bahnstrecken/strohgaeubahn.htm
www.ges-ev.de/bahnstrecken/taelesbahn.htm

EINGESETZTE DAMPFLOKOMOTIVEN

Lok	Baujahr	Achsfolge	Hersteller	Bemerkung
50 2273	1942	1'E	Henschel	(Fremdlok)
89 363	1905	C	Maschinenbauges. Heilbronn	
11	1911	D	Maschinenfabrik Esslingen	
16	1928	D	AEG	

48 HÄRTSFELDBAHN – BAHN IM AUFBAU

13 Jahre nach Einstellung des Schienenverkehrs auf der über 55 Kilometer langen Härtsfeldbahn von Aalen nach Dillingen/Donau wurde der Verein Härtsfeld-Museumsbahn e. V. gegründet, der heute auf einem Teil der ehemaligen Schmalspurbahn zwischen Neresheim und Sägmühle Museumsverkehr anbietet. Seit die 2015 begonnenen Arbeiten an dem anschließenden Streckenstück bis Katzenstein beendet sind, können insgesamt fast sechs Kilometer wieder befahren werden.

Nur fünfzehn Monate dauerten zu Beginn des 20. Jahrhunderts die Bauarbeiten am ersten Teilstück der später 55,49 Kilometer langen schmalspurigen Härtsfeldbahn, die nach endgültiger Fertigstellung Aalen in Baden-Württemberg mit Dillingen/Donau in Bayern verband. Über 10 Jahre hatten die Bemühungen eines lokalen Eisenbahnkomitees gedauert, bis schließlich am 31. Oktober 1901 die ersten planmäßigen Züge auf der meterspurigen Strecke von Aalen über Neresheim nach Ballmertshofen (km 38,95) in der Nähe der bayerischen Grenze fuhren. Von Anfang an hatte der Betreiber, die Westdeutsche Eisenbahn-Gesellschaft (ab 1910: Württembergische Nebenbahnen AG), die Weiterführung ins bayerische Dillingen vorgesehen. Genehmigungsprobleme und Streitigkeiten über den Endpunkt der Strecke verzögerten die Ausführung aber bis ins Jahr 1906. Am 3. April dieses Jahres endlich konnten die Züge auch die restlichen 15 Kilometer von der Landesgrenze bis zur Donau befahren. Betrieblich aber war die Strecke weiterhin geteilt. Die Züge verkehrten zwischen Aalen und dem einstigen Endpunkt Ballmertshofen, zusätzlich wurden Züge zwischen Neresheim und Dillingen eingesetzt. Hier kamen wegen der anspruchsloseren Topografie zunächst einfache Kastenlokomotiven zum Einsatz, während auf dem westlichen Streckenabschnitt schwerere Mallet-Lokomotiven nötig waren. Die Kastenlokomotiven wurden 1913 durch zwei Tenderlokomotiven der Maschinenfabrik Esslingen (Lok 11 und 12) ersetzt, eine der Mallet-Lokomotiven (Lok 3), die im Ersten Weltkrieg verloren gegangen war, wurde 1920 durch eine Heeresfeldbahnlokomotive ersetzt.

Das auf dem Höhepunkt der Wirtschaftskrise im Jahr 1932 der Bahn wegen rück-

Mittelpunkt des Bahnbetriebs: Neresheim.

Garnitur mit Originalfahrzeugen.

läufiger Frachtmengen und Fahrgastzahlen drohende Aus konnte durch eine staatliche Finanzspritze verhindert werden, auch in den frühen Jahren der jungen Bundesrepublik war eine staatliche Intervention nötig, um die Bahn, die durch die Inflation alle Rücklagen verloren hatte, noch einmal zu retten. Ein Gutachten hatte festgestellt, dass Rationalisierungsmaßnahmen einen Weiterbetrieb der schmalspurigen Strecke rechtfertigen würden. Aus diesem Grund beschaffte die Württembergische Nebenbahnen AG zwei Dieseltriebwagen der Firma Fuchs in Heidelberg (T 30 und T 31), aus dem Raum Bremen stießen zwei weitere gebrauchte Fahrzeuge hinzu (T 32 und T 33). T 30 und T 31 verunglückten 1964 und wurden durch einen gebrauchten MAN-Schienenbus ersetzt. Die Fahrgastzahlen stiegen ab 1956 zunächst auch an, sanken aber in den 1960er-Jahren wieder ab, ebenso wie die Menge der beförderten Güter. Wieder mussten die kommunalen Gebietskörperschaften einspringen, um den Weiterbetrieb zu ermöglichen. Auf Dauer war dies ein unhaltbarer Zustand und so erfolgte die Einstellung des Personenverkehrs am 30. September 1972, der Güterverkehr hielt sich noch zwei Monate länger und in den Folgejahren wurde die Strecke abgebaut.

Gut zehn Jahre später wurde am 23. Januar 1985 der Verein Härtsfeld-Museumsbahn e.V. gegründet mit dem Ziel, Teile der Härtsfeldbahn museal zu reaktivieren. Ein zunächst ins Auge gefasster Wiederaufbau des topografisch schwierigen Albaufstiegs zwischen Aalen und Ebnat konnte nicht realisiert werden und so konzentrierte sich der Verein auf die Strecke östlich von Neresheim. Hier konnte in den Jahren von 1996 bis 2001 ein knapp drei Kilometer langer Streckenabschnitt bis Sägmühle wieder aufgebaut werden. Heute führt die Strecke auf einer Länge von 5,6 Kilometern von Neresheim zum Naherholungsgebiet Härtsfeldsee und endet dort am zweigleisigen Bahnhof Katzenstein. Der Weiterbau bis zum Bahnhof Dischingen (7,9 Kilometer von Neresheim entfernt) ist geplant. An den Fahrtagen im Sommerhalbjahr und im Dezember verkehren sechs Zugpaare, von denen vier mit der Dampflok WN 12 (Baujahr 1913) gefahren werden. Die Schwesterlok WN 11 – ebenfalls Baujahr 1913 – wird zurzeit aufgearbeitet.

www.hmb-ev.de

EINGESETZTE DAMPFLOKOMOTIVEN

Lok	Baujahr	Achsfolge	Hersteller	Bemerkung
WN 11	1913	B	Maschinenfabrik Esslingen	
WN 12	1913	B	Maschinenfabrik Esslingen	

49 KANDERTALBAHN HALTINGEN – KANDERN

Der Zweckverband Kandertalbahn als Infrastrukturbetreiber und der Verein Kandertalbahn e. V. führen auf der Mitte der 1980er-Jahre aufgegebenen Kandertalbahn Museumsbahnverkehr durch. Die eingesetzten Dampflokomotiven stammen aus Deutschland, Österreich und der Schweiz.

Von Haltingen im äußersten Südwesten Deutschlands an der Grenze zur Schweiz führte seit 1895 eine fast 13 Kilometer lange normalspurige Nebenbahn über Wollbach nach Kandern im südlichen Schwarzwald. Die 1963 von der Südwestdeutschen Verkehrs AG (SWEG) übernommene Strecke wurde in mehreren Etappen stillgelegt, bevor unter der Regie eines Museumsbahnvereins wieder Züge auf die Schienen gelangten. Nach einem Erdrutsch endete am 4. Juli 1983 der Gesamtverkehr zwischen Wollbach und dem Endpunkt Kandern, wenn auch die offizielle Stilllegung des Personenverkehrs erst zum Jahresende erfolgte. Zwei Jahre später, am 1. April 1985, wurde der Güterverkehr zwischen Haltingen und Wollbach eingestellt, kurz darauf folgte die Stilllegung.

Da der Verein Eurovapor auf der Kandertalbahn schon seit 1968 mit Fahrzeugen der

Beim Zwischenstopp in Binzen muss ein kleines Problem an der T 3 gelöst werden.

SWEG Museumsbahnverkehr durchgeführt hatte, konnten schon im Folgejahr wieder Museumszüge auf der Strecke verkehren. Die Streckeninfrastruktur war inzwischen vom Zweckverband Kandertalbahn übernommen worden, die eingesetzten Fahrzeuge befinden sich mittlerweile im Eigentum des Vereins Kandertalbahn e. V. Hierbei handelt es sich neben diversen Dieselfahrzeugen um vier Dampflokomotiven, die teilweise früher auch auf dieser Strecke im Einsatz waren. Lok 30, ein Dreiachser des ehemaligen preußischen Typs T 3, der 1904 bei Borsig in Berlin entstanden und ursprünglich für die Nebenbahn Biberach-Oberharmersbach beschafft worden war und zeitweise ebenso zwischen Neckarbischofsheim und Hüffenhardt Dienst tat, beförderte zwischen 1955 und 1966 die Züge nach Kandern, während der drei Jahre jüngere Zweikuppler Lok 7 zwischen 1907 und 1937 im Kandertal eingesetzt war. Auch diese Lok stammt von Borsig in Berlin und war von Anfang an für die Kandertalbahn gebaut worden. Lok Nummer 30 befindet sich allerdings seit 2015 in Aufarbeitung, wobei Teile des Kessels ersetzt werden müssen. Lok 7 befindet sich seit 2016 in Aufarbeitung. Der Zweikuppler Lok 20 ist erheblich jünger als die beiden anderen Maschinen und wurde 1928 von der Maschinenbau-Gesellschaft Karlsruhe gemeinsam mit einer heute nicht mehr vorhandenen Schwestermaschine gebaut. Die Lokomotive lief auf der Kraichgautalbahn Bruchsal-Menzingen und auf der Strecke Biberach-Oberharmersbach im Schwarzwald. Nach Ausmusterung 1965 diente die Maschine als Denkmal, wurde später aufgearbeitet und lief zwischen 2005 und 2013 als Museumslok auf der Strecke Achern-Ottenhöfen. Seit 2019 bei der Kandertalbahn, erhält die Lok aktuell (2024) eine Hauptuntersuchung.

Vierte im Bunde ist das Schweizer „Tigerli“, ein Dreikuppler mit Nassdampftriebwerk, der 1916 in Winterthur gebaut wurde. Die Maschine ist nach der Außerdienststellung Mitte der 1960er-Jahre bereits seit 1973 auf der Kandertalbahn im Einsatz. Gefahren wird im Kandertal an jedem Sonntag zwischen Mai und Oktober; es verkehren dann jeweils drei Zugpaare. Neben den regelmäßig verkehrenden Museumszügen bietet der Verein Kandertalbahn zudem Sonderzüge an, die Vereine oder Privatpersonen anmieten können.

www.kandertalbahn.com

EINGESETZTE DAMPFLOKOMOTIVEN

Lok	Baujahr	Achsfolge	Hersteller	Bemerkung
7	1907	B	Borsig	Fabriknr. 5331
20	1928	B	Maschinenbaugesellschaft Karlsruhe	
30	1904	C	Borsig	pr. T 3, Fabriknr. 5528
Tigerli	1915	C	Winterthur	Fabriknr. Lok: 2544, Kessel: 3403

50 „SAUSCHWÄNZLE-BAHN“ – FAST ALPIN

Rein militärstrategische Erwägungen führten zum Bau der Strecke Hintschingen – Lauchringen, die mangels Nachfrage bereits früh im Personenverkehr stillgelegt wurde. Heute kann man die einzigartige Streckenführung auf Museumsbahnfahrten zwischen Zollhaus-Blumberg und Weizen wieder erleben.

Bei der Planung der Badischen Hauptbahn von Mannheim über Basel nach Konstanz Mitte des 19. Jahrhunderts erhofften sich die Gemeinden des Wutachtales eine Linienführung über ihr Gebiet, denn die später realisierte Linie führte über Schweizer Staatsgebiet. Im Zuge des Baus von sogenannten Kanonenbahnen, Eisenbahnstrecken, die fast ausschließlich militärstrategischen Zielen dienten, spielte dann das Wutachtal wieder eine Rolle, denn um gegen den „Erzfeind“ Frankreich aufmarschieren zu können, wollte man nicht durch die Schweiz. Daher erklärte sich Baden im Jahr 1887 bereit, eine Bahnstrecke von Hintschingen bis zur bereits seit 1875 bestehenden südlichen Wutachtalbahn Stuhlingen-Lauchringen zu bauen.

Alpine Streckenführung im Mittelgebirge

Wegen der Bedeutung für Militärtransporte musste die maximale Neigung in Grenzen gehalten werden, sodass für den Abschnitt zwischen Weizen und Zollhaus-Blumberg

Zug der „Sauschwänzlebahn“ auf dem Epfenhofener Viadukt.

50 2988 unterhalb der Wutachbrücke.

eine für deutsche Verhältnisse einzigartige, an alpine Bahnstrecken erinnernde Streckenführung notwendig wurde. Die beiden Orte liegen zwar nur knapp zehn Kilometer voneinander entfernt, durch die künstliche Streckenverlängerung mit Tunneln und Kehren mussten die Züge aber 25,5 Kilometer bei einem Höhenunterschied von 231 Metern zurücklegen. Bedeutendstes Bauwerk ist dabei der 1700 Meter lange Stockhalde-Kehrtunnel.

1890 ging die „Sauschwänzlebahn" in Betrieb. Wegen der geringen Nachfrage und der hohen Unterhaltungskosten stellte die Bundesbahn schrittweise bis 1971 den Personenverkehr ein (zwischen Zollhaus-Blumberg und Hintschingen wurde dieser aber 2004 wieder aufgenommen). Aus militärischen Gründen erfolgten in den auf die Stilllegung folgenden Jahren zwar Sanierungsarbeiten, der Zugverkehr wurde aber nicht wieder aufgenommen, lediglich Sonderfahrten gab es gelegentlich. Zum 1. Januar 1976 wurde die Betriebseinstellung zwischen Weizen und Zollhaus-Blumberg genehmigt.

Inzwischen gab es aber bereits Bestrebungen, auf der einzigartigen Strecke im Mittelabschnitt weiterhin während der Saison Züge fahren zu lassen. Bis 1997 war der schweizerische Verein Eurovapor für das rollende Material verantwortlich, danach etablierte sich der Verein Wutachtalbahn e. V. Ziel des Vereins ist es, die vorhandenen Fahrzeuge betriebsfähig zu erhalten. Seit 2015 fahren die Loks dieses Vereins allerdings auf der Dreiseenbahn, im Wutachtal kam 2015 Lok „2455 Posen" zum Einsatz. Die 1919 von den Linke-Hofmann-Werken in Breslau gebaute Lok wurde 1926 von der Reichsbahn nach Rumänien verkauft und dort bis etwa 1974 eingesetzt. Inzwischen restauriert, präsentiert sie sich als typische Vertreterin der ehemaligen preußischen Reihe P 8 (Reichs- und Bundesbahnreihe 38.10) im Zustand der 1920er-Jahre. Träger der Sauschwänzlebahn sind die Bahnbetriebe Blumberg GmbH & Co. KG als Eisenbahnverkehrs- und -infrastrukturunternehmen und die Interessengemeinschaft zur Erhaltung der Museumsbahn Wutachtal e. V. Gefahren wird auf der „Sauschwänzlebahn" zwischen Zollhaus-Blumberg und Weizen an zahlreichen Tagen zwischen April und Oktober, auch unter der Woche. Der genaue Fahrplan ist der Internetseite des Vereins zu entnehmen.

www.sauschwaenzlebahn.de | www.wutachtalbahn.de

EINGESETZTE DAMPFLOKOMOTIVEN

Lok	Baujahr	Achsfolge	Hersteller	Bemerkung
50 2988	1942	1'E	Lokomotivfabrik Floridsdorf	

51 WIESLAUFTALBAHN: DURCH WALD UND TAL

Im März 2000 wurde der Förderverein Welzheimer Bahn e. V. gegründet, der den damals nicht mehr bedienten Streckenteil von Oberndorf nach Welzheim der Wieslauftalbahn wieder aufbauen wollte. Mit kommunaler Unterstützung gelang es zwischen 2007 und 2010, die Strecke wieder herzurichten.

Ende des 19. Jahrhunderts bemühte sich die Stadt Welzheim wie viele andere Kommunen in der Blütezeit der Eisenbahn um einen Bahnanschluss. Mehrere Vorschläge lagen vor, darunter auch eine Linienführung durch das Wieslauftal, um in Schorndorf Anschluss an die Hauptstrecke von Stuttgart nach Aalen zu erhalten. Nachdem sich weitere Gemeinden mit eigenen Vorschlägen für verschiedene Linienführungen eingemischt hatten, bestimmte die Königlich-Württembergische Regierung im Jahr 1905 per Gesetz, dass die Bahn durch das Wieslauftal in einer Spurweite von 750 mm zu bauen sei, wegen der großen Steigung von 25 Promille auf einem Teilstück sogar mit Zahnstangenbetrieb. Diese Pläne kamen aber so nicht zur Ausführung, letztlich sollte doch eine Strecke mit normaler Spurweite geplant und gebaut werden. Am 27. November 1908 konnte das erste Teilstück bis Rudersberg eröffnet werden, der steilere Streckenabschnitt bis Welzheim folgte erst am 24. November 1911. Die Steilstrecke fiel dann auch als erste den Rationalisierungsmaßnahmen der DB zum Opfer: Im Jahr 1980 endete der Reisezugverkehr zwischen Welzheim und Rudersberg, acht Jahre später machte ein Erdrutsch in diesem Bereich allen Zugfahrten ein Ende. Obwohl die Wieslauftalbahn unter Denkmalschutz steht, sollte sie Mitte der 1980er-Jahre auf Busbetrieb umgestellt werden, ein Gutachten bescheinigte der Strecke aber ein erhebliches Nachfragepotenzial, sodass man sich nach Beschaffung moderner Fahrzeuge vom 1. Januar 1995 an über 4000 Fahrgäste am Tag freuen konnte.

Drei Jahre später signalisierte der Gemeinderat der Stadt Welzheim seine Bereitschaft der Unterstützung einer Touristikbahn auf dem nicht mehr befahrenen Streckenstück zwischen Oberndorf und Welzheim. Daraufhin gründete sich im März 2000 der Förder-

Zwischen Oberndorf und Welzheim.

Schwerstarbeit für die Dampflok.

verein Welzheimer Bahn e. V., der inzwischen über 200 Mitglieder hat. Daneben wurde im selben Jahr zur Abwicklung aller für die Reaktivierung notwendigen Rechtsgeschäfte die Schwäbische Waldbahn GmbH gegründet. Gesellschafter wurden der Förderverein und die Stadt Welzheim. In der beeindruckenden Zeit von nur drei Jahren wurde die Museumsstrecke nach Welzheim zwischen 2007 und 2010 für den Tourismusverkehr wiederhergestellt. Da nicht einfach der ehemalige Zustand wiederhergestellt werden durfte, sondern nach neustem Standard gebaut werden musste, waren die Kosten für die Reaktivierung beachtlich. Am 8. Mai 2010 konnte grünes Licht für die erste Zugfahrt auf der Museumsstrecke gegeben werden. Von Schorndorf aus dampfte der Eröffnungszug mit einer ehemaligen DB-Lok der Reihe 50 in Richtung Welzheim. Der Fahrbetrieb wird durchgeführt durch den Verein „DBK Historische Bahn“, der über fünf Dampflokomotiven verfügt, von denen aber nur eine betriebsfähig ist, zwei weitere befinden sich in Aufarbeitung. Fahrbereit ist 64 419, eine 1937 von der Maschinenfabrik Esslingen gebaute Tenderlok. Zwei weitere ehemalige Reichsbahnmaschinen, 50 3031 und 50 3606, werden zurzeit wieder hergerichtet, während 50 3545 abgestellt ist. Die fünfte Lok, 80 106, ein Nachkriegsbau der Maschinenfabrik Esslingen, ist am Bahnhof Eckartshausen ausgestellt. Da auf der Strecke sowohl mit Dampf- als auch mit Diesellokomotiven gefahren wird, ist ein Blick auf den Fahrplan der Museumsstrecke angeraten. Im Jahr 2024 wurde zwischen Mai und Oktober sechzehnmal mit der Dampflok gefahren, im Dezember kamen zwei weitere Fahrten hinzu.

www.dbkev.de

EINGESETZTE DAMPFLOKOMOTIVEN

Lok	Baujahr	Achsfolge	Hersteller	Bemerkung
50 3031	1942	1'E	Maschinenfabrik Esslingen	
50 3545	1942	1'E	Maschinenfabrik Esslingen	
50 3606	1942	1'E	BMAG	
64 419	1937	1'C1'	Maschinenfabrik Esslingen	
80 106	1952	C	Maschinenfabrik Esslingen	

52 MIT DEM „ÖCHSLE“ NACH OCHSENHAUSEN

Am nördlichen Ortsrand von Biberach liegt an der Hauptstrecke Ulm – Aulendorf die kleine Ortschaft Warthausen. Von hier aus verkehrt vorwiegend im Sommerhalbjahr eine Museumsbahn in das 19 Kilometer entfernte Ochsenhausen, die im Volksmund schon lange den Spitznamen „Öchsle“ trägt.

Ursprünglich führte die in 750 mm Spurweite angelegte und insgesamt 22 Kilometer lange Bahnlinie bis nach Biberach und musste dazu die Staatsbahnstrecke in Warthausen niveaugleich kreuzen. In der Planungsphase der Strecke um das Jahr 1879 war zunächst eine durchgehende Verbindung bis Memmingen gewünscht worden, doch nachdem diese Idee vom Tisch war, sollte die Stichbahn normalspurig angelegt werden. Genehmigt wurde aber nur eine Schmalspurbahn, die zunächst nur zwischen Warthausen und Ochsenhausen eröffnet wurde (29. November 1899). Knapp ein Jahr später konnte die Einweihung des Reststücks bis Biberach gefeiert werden (19. November 1900). Bis in die 1960er-Jahre hinein wurde der Fahrbetrieb mit Dampflokomotiven durchgeführt, zunächst mit Maschinen des württembergischen Typs Tssd, später kamen auch sächsische Maschinen der Reihe IV K zum Einsatz. In den 1950er-Jahren erfolgten erste

Die württembergische Tssd wird hier seit über 100 Jahren eingesetzt.

Rationalisierungsmaßnahmen. Am 31. Mai 1964 kam das Aus für den Personenverkehr und zeitgleich wurde das Streckenstück Biberach – Warthausen aufgegeben. Obwohl mit dem Einsatz von Diesellokomotiven der Betrieb weiter rationalisiert wurde, führte die marode Infrastruktur am 31. März 1983 auch zur Einstellung des Güterverkehrs. Der Initiative des Vereins Öchsle Schmalspurbahn e. V. war es zu verdanken, dass die Strecke zwischen Warthausen und Ochsenhausen nicht abgebaut wurde, sondern in kommunales Eigentum überging. Nach Ankauf von rollendem Material im Ausland konnte im Jahr 1985 sogar der Museumsbahnbetrieb mit einer Diesellok aufgenommen werden. Nach zweimaliger vorübergehender Einstellung des Museumsverkehrs fahren die Züge seit dem 1. Mai 2002 unter der Regie der Öchsle Bahn AG wieder regelmäßig, überwiegend in den Sommermonaten.

Drei Dampflokomotiven sind vor Ort vorhanden, 99 716, 99 788 und 99 633, wobei die letztgenannte im November 2014 nach einer Wiederaufarbeitung in Jenbach/Tirol erste Probefahrten absolvierte und am 27. März 2015 nach Oberschwaben zurückkehrte. Nach 25 Jahren dampfte die Lok am 25. April 2015 erstmals wieder auf ihrer Heimatstrecke. Sie war bereits bei der Eröffnung der Strecke im Jahr 1899 dabei und ist die letzte betriebsfähige Lok der ehemaligen Königlich-Württembergischen Schmalspurdampfloks. Wegen des besonderen Charakters dieser Lok wird die Maschine aber nur bei besonderen Anlässen angeheizt. Lok 99 716 wurde 1927 gebaut, zunächst in Sachsen, später auf der Zabergäu- und Bottwartalbahn eingesetzt und seit 1997 beim „Öchsle". Die Lok ist leider zurzeit nicht betriebsfähig. 99 788 wurde 1956 in Babelsberg gebaut und ist ein Nachbau der sächsischen Reihe VII k. Im Planeinsatz war sie früher in Sachsen, zuletzt auf der Lößnitzgrundbahn. Diese Lok ist betriebsfähig. Die fünfachsige 99 651 wurde gegen Ende des Ersten Weltkriegs für die Heeresfeldbahnen gebaut, kam aber wegen des Kriegsendes nicht mehr dort zum Einsatz. Zunächst im Erzgebirge unterwegs, kam die Maschine 1928 zum Öchsle, wo sie bis 1965 eingesetzt wurde. Danach folgten noch für vier Jahre gelegentliche Einsätze auf der Bottwartalbahn. Die Lok der ehemaligen Baureihe VI k ist leider zurzeit nicht betriebsfähig.

www.oechsle-bahn.de

EINGESETZTE DAMPFLOKOMOTIVEN

Lok	Baujahr	Achsfolge	Hersteller	Bemerkung
99 716	1927	E	Hartmann	Sächsische VI K
99 651	1918	E	Henschel	
99 788	1957	1'E1'	Babelsberg	DR-Baureihe 99.77–79
99 633	1899	B'B	ME	Württemb. Tssd (Mallet)

53 ACHERTALBAHN IM SCHWARZWALD

Um die Industriebetriebe im Achertal am westlichen Abhang des Schwarzwaldes an die Hauptstrecke im Rheintal anzubinden, war um 1889 geplant, dort eine schmalspurige Eisenbahn zu bauen.

Glücklicherweise erkannte ein 1894 gegründetes „Eisenbahnkomitee" den Mehrwert einer vollspurigen Bahn, deren Bau im Jahr 1896 genehmigt wurde. Danach gingen die Arbeiten an der neuen Strecke rasch voran und bereits zwei Jahre später, am 1. September 1898, konnte die Bahnbau- und Betriebsgesellschaft Vering und Wächter die ersten Züge rollen lassen. Gegen Ende des Ersten Weltkriegs ging der Betrieb auf die Deutsche Eisenbahn-Betriebsgesellschaft über, ab 1963 war für Unterhalt und Fahrbetrieb die Südwestdeutsche Eisenbahn-Gesellschaft (SWEG) verantwortlich. Seit Dezember 2014 bedient die SWEG die Strecke im Auftrag der Nahverkehrsgesellschaft Baden-Württemberg. Bis heute wird auf der 10,4 Kilometer langen Strecke im Achertal zwischen Ottenhöfen und dem Anschlussbahnhof Achern reger Personenverkehr angeboten, bis vor Kurzem mit Dieselfahrzeugen des Typs „Regio-Shuttle", neuerdings mit modernen Akkutriebwagen der Reihe 563.

Bereits zwischen 1968 und 2013 wurden auch saisonal Dampfzugfahrten im Achertal angeboten, die zunächst von der Deutschen Gesellschaft für Eisenbahngeschichte

Die ehemalige badische Güterzuglok 58 311 am 29. Mai 2023 bei Ottenhöfen.

Viel Aufsehen erregt die formschöne Maschine bei ihren Auftritten im Achertal.

(DGEG) durchgeführt wurden. Örtliche Mitglieder gründeten 1985 den „Achertäler Eisenbahnverein e.V.", der nun die Fahrten in Abstimmung mit der SWEG durchführte. Im Jahr 2013 mussten diese Fahrten eingestellt werden und erst im Jahr 2022 kam mit einem Dampfsonderzug wieder ein Dampfross ins Achertal. Inzwischen kommt an besonderen Fahrtagen die ehemals badische Lok 58 311 von Karlsruhe aus im Achertal zum Einsatz. Der Verein selbst verfügt über zwei Dampflokomotiven. Lok 20, ein B-Kuppler aus dem Jahr 1928, war früher auf der Kraichgautalbahn Bruchsal-Menzingen im Einsatz und stand nach ihrem Ausscheiden aus dem Fahrdienst lange als Denkmal in Oberharmersbach. In völlig desolatem Zustand kam sie 1986 zum Achertäler Eisenbahnverein und wurde dort über einen Zeitraum von 15 Jahren restauriert, wobei die Restauration oberhalb des Fahrwerks einem Neubau gleichkam. Die Lok ist eine Dauerleihgabe der Gemeinde Oberharmersbach. Die zweite Lok des Vereins, ein der preußischen T 3 ähnelnder C-Kuppler, wurde 1900 von Borsig in Berlin hergestellt und an die Nebenbahn Voldagsen – Duingen geliefert. Die Maschine kam nach dem Zweiten Weltkrieg im Jahr 1948 zur Achertalbahn und war die letzte Dampflokomotive der SWEG. An Fahrtagen werden in der Regel zwei Zugpaare zwischen Achern und Ottenhöfen angeboten.

www.achertaeler-eisenbahnverein.de

EINGESETZTE DAMPFLOKOMOTIVEN

Lok	Baujahr	Achsfolge	Hersteller	Bemerkung
20	1928	B	Maschinenbaugesellschaft Karlsruhe	
28	1900	C	Borsig	

54 SCHWÄBISCHE ALB-BAHN

In den Jahren ab 1882 wurde von Reutlingen am Neckar aus über Honau und Münsingen eine 58 Kilometer lange Eisenbahnverbindung über die schwäbische Alb an die Donau gebaut, die in Schelklingen das Flusstal erreichte. Der Abschnitt zwischen Reutlingen und Honau der sogenannten „Echaztalbahn" wurde am 2. Juni 1892 eröffnet; gut ein Jahr später, am 1. Oktober 1893 erreichten die Züge Münsingen. Danach dauerte es allerdings noch fast acht Jahre, bis am 1. August 1901 bei Schelklingen das Donautal erreicht wurde.

Die Strecke weist zwischen Honau und Lichtenstein einen Höhenunterschied von 179 Metern auf, der mit Hilfe einer Zahnstange überwunden wurde. Bereits am 28. Juli 1969 wurden der Zahnstangenabschnitt und das Streckenstück bis Kleinengstingen stillgelegt, schon einige Wochen vorher endete der Personenverkehr zwischen Kleinengstingen und Schelklingen. Elf Jahre später, am 30. Mai 1980, wurde auch der übrige Personenverkehr auf der Echaztalbahn zwischen Reutlingen und Honau eingestellt, später auch der Güterverkehr. Ende der 1990er-Jahre wurde der noch bestehende Teil der Strecke zwischen dem 1975 durch Zusammenlegung verschiedener Gemeinden aus Kleinengstingen entstandenen Engstingen und Schelklingen einer touristischen Nutzung zugeführt und im Oktober 2000 als technisches Kulturdenkmal unter Denkmalschutz gestellt.

Seit dem 7. November 1901 führte von Kleinengstingen aus eine weitere Bahnstrecke über die Schwäbische Alb in das südlich gelegene Gammertingen, die in den Jahren 1908 bis 1910 bis nach Sigmaringen verlängert wurde. Auch diese Strecke blieb von Betriebseinstellungen nicht verschont. Im Jahr 1969 endete der Personenverkehr zwischen Kleinengstingen und Trochtelfingen, drei Jahre später auch zwischen Trochtelfingen und Gammertingen. Danach gab es hier neben dem Güterverkehr nur noch Museumsfahrten, allerdings ab dem Jahr 2000 mit dem „Rad-Wander-Shuttle" auch wieder regelmäßigen Ausflugsverkehr an Sonn- und Feiertagen.

Inzwischen gibt es zwischen Schelklingen, Engstingen und Gammertingen auch wieder regulären Personenverkehr, der von der

Lok 930 unterhalb von Schloss Grafeneck.

97 501 wurde einst zwischen Honau und Lichtenstein eingesetzt.

„Schwäbischen Alb-Bahn“ mit allerdings relativ wenigen Verbindungen pro Tag durchgeführt wird. In diesen Fahrplan eingepasst sind an ausgewählten Tagen im Jahr die Dampfzüge der Schwäbischen Alb-Bahn, die auf dem Streckenstück Münsingen-Engstingen-Trochtelfingen mit zwei Zugpaaren und einer Fahrzeit von eineinhalb Stunden verkehren, wobei in Engstingen ein etwa fünfzehnminütiger Halt eingelegt wird. Da die Fahrtage wechseln, sollte vor einem Besuch die Internetseite aufgesucht werden.

Gefahren wird mit einer T 3 der ehemaligen Königlich-Württembergischen Staatseisenbahn (Nummer 930). Die dreiachsige Tenderlok aus dem Jahr 1905 war nach dem Zweiten Weltkrieg bis in die 1970er-Jahre beim Gaswerk Stuttgart beschäftigt und sollte später durch die Gesellschaft zur Erhaltung von Schienenfahrzeugen (GES) bis 1995 betriebsfähig aufgearbeitet werden. Leider verzögerten sich die Arbeiten erheblich, so dass die Aufarbeitung erst 2013 beendet werden konnte.

www.alb-bahn.com/nostalgie/dampf-bummelzug

EINGESETZTE DAMPFLOKOMOTIVEN

Lok	Baujahr	Achsfolge	Hersteller	Bemerkung
930 (T3)	1905	C	Maschinenbau-gesellschaft Heilbronn.	

55 DIE AMMERSEE-DAMPFBAHN

Von Augsburg aus führt die „Bahnpark Augsburg gGmbH" mehrmals im Jahr Dampfzugfahrten nach Utting am Ammersee durch. Dabei wird zunächst die Hauptstrecke Augsburg – München befahren.

In Mering biegt der Zug auf die Strecke nach Geltendorf ab, bevor es von dort weiter in Richtung Ammersee nach Schondorf und Utting geht. Gefahren wird mit der Lokomotive 41 018, einer 1939 bei Henschel in Kassel gebauten Mehrzwecklokomotive mit der Achsfolge 1'D1', die mit einer Leistung von 1900 PS eine Höchstgeschwindigkeit von 90 km/h erreicht.

Aufgrund der wechselnden Fahrtermine sollte unbedingt vor der Mitfahrt die Internetseite aufgerufen werden. 2024 waren zwischen Pfingsten und dem Monat Oktober insgesamt neun Fahrtage geplant. Die Fahrten konnten zwar wegen Gleisbauarbeiten nicht alle stattfinden, die übrigen waren aber immer ausgebucht. Für diese Fahrten sollte man einen ganzen Tag einplanen, denn die Reise beginnt bereits gegen 9 Uhr, für den Aufenthalt am Ammersee sind gut sieben Stunden eingeplant, bevor die Fahrgäste gegen 19 Uhr wieder in Augsburg Hbf eintreffen. An sogenannten „Dampftagen" verkehrt der Zug in umgekehrter Richtung und fährt direkt ins Eisenbahnmuseum „Bahnpark Augsburg", wo ein zweieinhalbstündiger Aufenthalt vorgesehen ist. Hier werden zahlreiche Lokomotiven aus Deutschland und dem europäischen Ausland ausgestellt.

41 018 dampft in Richtung Ammersee.

www.ammersee-dampfbahn.eu | www.bahnpark-augsburg.de

EINGESETZTE DAMPFLOKOMOTIVEN

Lok	Baujahr	Achsfolge	Hersteller	Bemerkung
41 018	1941	1'E1'	Henschel	

56 BAYERISCHES EISENBAHNMUSEUM

Im ehemaligen Bahnbetriebswerk Nördlingen befindet sich das Bayerische Eisenbahnmuseum. In Nördlingen kann man aber nicht nur alte Dampfrösser anschauen, unter anderem auf der im Personenverkehr teilweise stillgelegten Strecke von Nördlingen nach Gunzenhausen werden einzelne Lokomotiven auch vor Museumszügen eingesetzt.

Nördlingen liegt an der elektrifizierten Bahnstrecke von Aalen nach Donauwörth. Hier zweigen in nördlicher Richtung die 54 Kilometer lange Strecke Nördlingen – Dombühl und die 40 Kilometer lange Strecke Nördlingen – Gunzenhausen ab. Auf beiden Strecken endete der Personenverkehr im Jahr 1985, der Güterverkehr auf Reststücken der Gesamtstrecke folgte 2002 bzw. 1997. Seit 2004 mit Güterzügen und seit Dezember 2024 auch mit Regionalbahnen wieder befahren wird allerdings das Streckenstück Wassertrüdingen – Gunzenhausen. In Nördlingen als ehemaligem Bahnknoten gab es bis 1982 ein Bahnbetriebswerk, dessen Anlagen 1985 durch das Bayerische Eisenbahnmuseum übernommen und im Laufe der Folgejahre wieder aufgebaut wurden. Die Vereinsarbeit beschränkt sich allerdings nicht auf das Präsentieren von über 200 Fahrzeugen und Anlagen eines historischen Bahnbetriebswerks, sondern man bietet in Nördlingen auch an insgesamt 14 Tagen im Jahr Fahrten zwischen dem Museum und Feuchtwangen bzw. Gunzenhausen auf den beiden oben erwähnten Strecken an, die mit Dampflokomotiven durchgeführt werden. 2024 allerdings wurde die Strecke nach Feuchtwangen nicht befahren, dafür gab es Fahrten zwischen Nördlingen und Harburg auf der Strecke Aalen – Donauwörth. 2025 wird dagegen voraussichtlich nur in Richtung Gunzenhausen gefahren.

Zwei Loks der umfangreichen Sammlung.

Das Eisenbahnmuseum verfügt über eine bedeutende Zahl von Dampflokexponaten aus verschiedenen Epochen der deutschen Eisenbahngeschichte, die natürlich nicht alle betriebsfähig vorgehalten werden können. Älteste Museumslok ist die Nassdampftenderlok Nr. 7 der ehemaligen Lokalbahn AG aus dem Jahr 1887, die älteste betriebsfähige normalspurige Dampflokomotive Deutschlands. Aus den Beständen der ehemaligen Reichs- und Bundesbahn sind in Nördlingen Maschinen der Reihen 01, 18, 22, 38, 41, 42, 44, 50, 52, 57, 64, 89 und 94 vorhanden, davon allein fünf Lokomotiven der Baureihe 50 in fast allen Bauformen. Ebenfalls in mehreren Exemplaren

Star des Museums: 18 478, hier im Länderbahnlack, mit einem Zug nahe Oberstaufen.

vorhanden sind Lokomotiven der Reihen 01, 44 und 52. Ergänzt wird die Sammlung durch verschiedene Dampflokomotiven nichtstaatlicher Unternehmen. Einige weitere Lokomotiven werden derzeit aufgearbeitet. Neben Fahrten auf den beiden Strecken in Richtung Feuchtwangen und Gunzenhausen werden durch das Bayerische Eisenbahnmuseum auch Dampflokomotiven bei Tagesfahrten zu verschiedenen Zielen eingesetzt. Die auch sporadisch genutzte Strecke Landshut – Neuhausen kann wegen Bauarbeiten zurzeit nicht befahren werden.

www.bayerisches-eisenbahnmuseum.de

EINGESETZTE DAMPFLOKOMOTIVEN

Lok	Baujahr	Achsfolge	Hersteller	Bemerkung
01 066	1928	2'C1'	Schwartzkopff	
01 180	1936	2'C1'	Henschel	
18 478	1918	2'C1'	Maffei	
22 029	1924	1'D1'	LHB	(Umbau aus 39 197)
22 064	1924	1'D1'	Henschel	(Umbau aus 39 165)
38 3180	1921	2'C	LHB	
38 3199	1921	2'C	LHB	
41 364	1940	1'D1'	Jung	

Lok	Baujahr	Achsfolge	Hersteller	Bemerkung
41 1150	1940	1'D1'	Schichau	(Umbau aus 41 150)
42 2768	1944	1'E	Floridsdorf	
44 381	1941	1'E	Masch.Esslingen	
44 546	1941	1'E	Krauss-Maffei	
44 606	1941	1'E	Krupp	
50 0072	1939	1'E	Krauss-Maffei	(Umbau aus 50 481)
50 778	1941	1'E	Henschel	
50 955	1941	1'E	Krupp	
50 3600	1941	1'E	Henschel	(Umbau aus 50 775)
50 4073	1960	1'E	LKM	
52 2195	1943	1'E	Henschel	
52 3548	1943	1'E	Krauss-Maffei	
52 8168	1943	1'E	Krauss-Maffei	(Umbau aus 52 3574)
57 3525	1926	E	Rheinmetall	
64 094	1928	1'C1'	Humboldt	
64 305	1934	1'C1'	Krupp	
64 520	1927	C	R.Wolf	
89 837	1921	C	Krauss	
91 406	1902	1'C	Schichau	
94 1697	1924	E	BMAG	
Lok 2 Emma	1936	C	Krauss-Maffei	
Lok 3	1914	B	O&K	
Lok 7 Füssen	1889	C	Krauss	
Lok 9	1941	B	Henschel	
TAG 8	1942	1'C1'	Krauss-Maffei	
Virgilio	1902	C	Maffei	
Dampf-speicherlok 4	1913	B	Maffei	
Dampf-speicherlok 5	1918	B	Hohenzollern	
Grüner Heiner	1929	B	Krauss	(700 mm-Spur)
Lok 4273	1924	B	Maffei	(700 mm-Spur)

57 CHIEMSEEBAHN PRIEN – STOCK

Innerhalb von zwei Monaten, zwischen dem 2. Mai und dem 9. Juli 1887 entstand zwischen dem Staatsbahnhof in Prien am Chiemsee und der knapp zwei Kilometer entfernten Anlegestelle Prien-Stock eine meterspurige Eisenbahnstrecke, die entlang der Priener Seestraße und dem Eschenweg verläuft.

Ursprünglich musste die Bahn die Staatsbahngleise der Hauptstrecke Rosenheim – Salzburg queren, bis man um 1909 die Abfahrtsstelle auf die östliche Bahnhofsseite verlegte. Trotz der geringen Länge sollte die Bahn den zunehmenden Tourismusverkehr zu den Inseln im Chiemsee und dem Schloss Herrenchiemsee aufnehmen.

Obwohl die Bahn heute wegen der bequemen Zufahrt für Autofahrer zum See eigentlich kein Verkehrsbedürfnis mehr befriedigt, erfreut sie sich wegen ihres Nostalgiecharakters weiterhin großer Beliebtheit und konnte allen Bemühungen zur Stilllegung in der Vergangenheit widerstehen. Der seit über 40 Jahren bestehende Denkmalschutz sichert der kleinen Bahn weiterhin ihre Existenz. Mit Dampf gefahren wird nur in den Sommermonaten Juli und August am Wochenende und an Feiertagen, wenn viel Verkehr herrscht, unter der Woche und in der Vorsaison kommt eine Diesellokomotive zum Einsatz, damit der Kessel der Dampflok durch ständiges Aufheizen und Abkühlen nicht zu sehr leidet. Die eingesetzte Dampflok „Laura" gehört zur Kategorie der sogenannten „Straßenbahnlokomotiven", hat zwei Achsen, stammt aus dem Jahr 1887 und wurde von der Lokomotivfabrik Krauss hergestellt. Wer in den Sommermonaten an den Chiemsee reist, darf sich auf zehn Dampfzugpaare am Wochenende freuen.

Eisenbahn und Straßenbahn in einem.

www.chiemsee-schifffahrt.de

EINGESETZTE DAMPFLOKOMOTIVEN

Lok	Baujahr	Achsfolge	Hersteller	Bemerkung
Laura	1887	B	Krauss	

58 DAMPFBAHN FRÄNKISCHE SCHWEIZ

Seit 1983 betreibt die Dampfbahn Fränkische Schweiz im Sommerhalbjahr im Wiesenttal zwischen Ebermannstadt und Behringersmühle Museumsbahnverkehr.

Beim Bau der großen bayerischen Hauptstrecken im vorigen Jahrhundert blieb die bergige Fränkische Schweiz außen vor. Spätere Versuche, von Bayreuth aus eine Hauptbahn nach Forchheim bauen zu lassen, scheiterten aus Kostengründen ebenfalls, lediglich eine Lokalbahn nach Hollfeld konnte nach der Jahrhundertwende realisiert werden. Dies war aber nicht die erste Nebenbahn der Fränkischen Schweiz, denn bereits 1888 war der Bau der 14,8 Kilometer langen Lokalbahn von Forchheim am westlichen Rand der Fränkischen Schweiz nach Ebermannstadt genehmigt worden, die bereits drei Jahre später eröffnet wurde. Da die Strecke sich als rentabel erwies, sollte Ebermannstadt nicht der Endpunkt dieser Linie bleiben. Mit Gesetz vom 16. Juni 1908 wurde der Weiterbau in Richtung Heiligenstadt beschlossen. Der Bau der 13,9 Kilometer langen Strecke konnte 1915 vollendet werden. Noch vor dem Bau dieses Streckenstücks wurde auch eine Streckenverlängerung durch das Wiesenttal nach Osten beschlossen. Der Erste Weltkrieg und die Nachkriegsprobleme verhinderten zunächst die Verwirklichung dieses Vorhabens. Erst 1927 rollten die Züge von Ebermannstadt bis zum Bahnhof Gößweinstein, die Eröffnung der restlichen nicht ganz drei Kilometer bis Behringersmühle ließ dann bis zum 4. Oktober 1930 auf sich warten. Bereits 1926 hatte ein Abgeordneter des bayerischen Landtags der Lokalbahn prophezeit, sie werde im Konkurrenzkampf mit dem Auto unterliegen. Der Pessimismus dieses Abgeord-

Bei Gößweinstein überquert am 30. April 2023 64 491 die Hindenburgbrücke.

neten erwies sich aber erst später als berechtigt. Am 29. Mai 1976 erfolgte die Einstellung des Gesamtverkehrs zwischen Ebermannstadt und Behringersmühle, der Abbau der Gleise war danach zu befürchten.

Streckenrettung durch die DFS

Da die Stilllegung bereits Jahre vor dem letzten Betriebstag absehbar war, hatte sich bereits 1974 in Ebermannstadt der Verein Dampfbahn Fränkische Schweiz (DFS) mit dem Ziel gegründet, den Streckenabschnitt Ebermannstadt – Behringersmühle für einen Museumsbahnverkehr zu erhalten. Im Jahr 1978 war diesen Bemühungen ein erster Erfolg beschieden, denn die Strecke konnte von der DB käuflich erworben werden. Es folgte der Antrag auf Betriebsgenehmigung, dem zwei Jahre später stattgegeben wurde. Bereits 1975 hatte der Verein vom städtischen Gaswerk in Nürnberg eine dort seit 1924 eingesetzte Hanomag-Lok des Typs „Ploxemam“ erworben, eine Schwestermaschine gelangte als Leihgabe ebenfalls zur DFS. Die beiden als Lok 1 und 2 eingereihten Fahrzeuge sind heute noch vorhanden, betriebsfähig ist aber lediglich Lok 2. Mit dieser Lokomotive konnte im Jahr 1983 im Wiesenttal der Dampfbetrieb aufgenommen werden. Neben Dieselfahrzeugen, auf die hier nicht näher eingegangen werden soll, verfügt die DFS heute noch über zwei weitere Dampflokomotiven. Von der

Einfahrt in den Bahnhof Behringersmühle.

Zeche Anna im Aachener Revier stammt ein Vierkuppler der Bauart ELNA 6, Lok Nummer 4. 1995 gelangte eine ehemalige DB-Maschine nach Ebermannstadt. Die als Lok 8 bezeichnete ehemalige 64 491 war 1940 von Orenstein und Koppel für die damalige Reichsbahn gebaut worden und ist die zweite betriebsfähige Dampflokomotive.

Zwischen Mai und Ende Oktober verkehren an Betriebstagen drei Zugpaare zwischen Ebermannstadt und Behringersmühle, ungefähr zweimal pro Monat mit Dampflokomotiven.

www.dampfbahn.net

EINGESETZTE DAMPFLOKOMOTIVEN

Lok	Baujahr	Achsfolge	Hersteller	Bemerkung
Lok 1 „Ebermannstadt“	1923	B	Hanomag	
Lok 2 „Nürnberg“	1923	B	Hanomag	

59 RHÖN-ZÜGLE: DAMPF IM STREUTAL

Rechtzeitig vor der Wende bescherte der Bahn die Lage im Zonenrandgebiet Fördergelder zur Einbindung der Strecke in das touristische Gesamtkonzept Freilandmuseum Fladungen.

In Mellrichstadt an der Strecke Schweinfurt – Meiningen zweigt seit 1898 eine etwas über 18 Kilometer lange Stichbahn ab, die durch das Streutal über Stockheim, Ostheim und Nordheim nach Fladungen in der Rhön führte. Dabei waren 132 Meter Höhenunterschied zu bewältigen, um den 404 Meter hoch gelegenen Rhönort zu erreichen. Zwar war bereits 1853 in Ostheim eine Eisenbahnanbindung angemahnt worden, es sollte aber noch fast ein halbes Jahrhundert dauern, bis auch die Strecke in die Rhön in Betrieb gehen konnte. Zu kostspielig und wenig ertragreich schien eine das Gebirge durchquerende Strecke, wie sie als Verbindung Fulda – Schweinfurt damals in der Diskussion war. Auch mehrere Vorstöße durch ein Ostheimer Eisenbahnkomitee zum Bau einer Stichbahn scheiterten zunächst. Letztendlich genehmigte aber die bayerische Staatsregierung eine bereits 1881 von der Lokomotivfabrik Krauss in München untersuchte Streckenführung. Erst mehr als zehn Jahre später wurde mit dem Bau begonnen, der mit Eröffnung der Strecke am 20. Dezember 1898 abgeschlossen wurde. Eingesetzt auf der Strecke wurden zunächst bayerische Länderbahnloks der Reihen D VII, D XI und BB II. Später gesellte sich die preußische T 12 dazu und in den 1930er-Jahren tauchten mit der Baureihe 86 erste Einheitsdampflokomotiven im Streutal auf. In der Nachkriegszeit ereilte die Strecke das Schicksal zahlreicher Nebenstrecken in siedlungsarmen Räumen.

Viel „Nebel" am 2. November 2019.

Die rückläufige Nachfrage sowohl im Güter- als auch im Personenverkehr zwang zu Rationalisierungsmaßnahmen, die aber die Stilllegung im Jahr 1987 nicht verhindern konnten. Glücklicherweise wurden die Bahnanlagen aber nicht, wie anderswo üblich, schnellstmöglich demontiert. Da die Strecke im damaligen Zonenrandgebiet lag, konnten finanzielle Förderquellen erschlossen werden, um die Strecke in ein touristisches Gesamtkonzept einzubinden. 1992 wurde die Genehmigung erteilt, die Bahnstrecke als Teil des Freilandmuseums Fladungen als Museumseisenbahn zu betreiben. Vier Jahre später fuhren die ersten Züge, zunächst zwischen Fladungen und Ostheim, vier Jahre später so-

Links neben 89 7373 steht Lok OLB 2 von 1903, die auf den Namen „Alfred" hört.

gar bis Mellrichstadt, wobei die Betriebsführung vom Verein Eisenbahnfreunde Untermain wahrgenommen wird. Zunächst wurden historische Dieselfahrzeuge und Dampflokomotiven eingesetzt, seit 2011 gibt es ein neues Konzept: Neben den Dampfzügen verkehren an bestimmten Tagen im Jahr auf der Strecke moderne Dieseltriebwagen des Typs Regioshuttle der Erfurter Bahn.

Die Dampfzüge werden von Mai bis Oktober an zwei bis vier Sonntagen pro Monat eingesetzt, wobei zwei Zugpaare die Gesamtstrecke befahren, während ein Zugpaar nur zwischen Fladungen und Ostheim verkehrt. Gelegentlich kamen in der Vergangenheit auch Dampflokomotiven anderer Museumsbahnen auf der Strecke zum Einsatz. Drei Dampflokomotiven sind beim „Rhön-Zügle" vorhanden. Die ehemalige bayerische Lok des Typs BayGtL 4/4 mit der Bundesbahnnummer 98 886 wurde 1924 bei Krauss in München gebaut und ist eine Leihgabe der Stadt Schweinfurt. Mit Lok 89 7373 befindet sich auch eine ehemals preußische T 3 im Bestand, die 1901 bei Hohenzollern in Düsseldorf entstand und seit September 2014 eingesetzt werden kann. Ebenfalls bei Hohenzollern gebaut wurde die Dritte im Bunde, Lok OLB Nr. 2 aus dem Jahr 1903, ein Loktyp, der vorwiegend in Industriebetrieben und Bergwerken zum Einsatz kam.

www.freilandmuseum-fladungen.de

EINGESETZTE DAMPFLOKOMOTIVEN

Lok	Baujahr	Achsfolge	Hersteller	Bemerkung
98 886	1924	D	Krauss-Maffei	Fabriknr. 6911
89 7373	1901	C	Humboldt	pr. T 3, Fabriknr. 143
OLB Nr. 2/Alfred	1903	B	Hohenzollern	Fabriknr. 1669

Der Club 760 führt einmal jährlich Sonderfahrten außerhalb der Taurachbahn durch, wie jene am 22. Juli 2022, als die 699.01 einen Sonderzug nach Tamsweg bespannte; hier bei der Rückfahrt nach Mauterndorf.

ÖSTERREICH

60 BREGENZER WÄLDERBÄHNLE

Das Wälderbähnle ist der etwa sechs Kilometer verbleibende Rest der einstigen Schmalspurbahn zwischen der am Bodensee gelegenen Landeshauptstadt Vorarlbergs, Bregenz, mit dem in der Hochebene des Bregenzerwaldes liegenden Hauptort Bezau.

Da die wilde Gegend keine andere Verkehrsmöglichkeit zuließ, wurde Ende des 19. Jahrhunderts durch das enge Tal der Bregenzer Ache die schmalspurige und erstmals direkte Verbindung beider Orte geschaffen. Der Bau der k. k. priv. Vorarlberger Bahn zwischen Lindau und Bludenz ließ den Ruf nach einer Eisenbahnlinie laut werden, sodass 1891 erstmals ein Konsortium ein Ansuchen um die Bewilligung einer Schmalspurbahn von Bregenz nach Bezau beim zuständigen Ministerium in der Reichshauptstadt Wien vorbrachte. Der Spatenstich erfolgte am 7. September 1900, am 15. September 1902 erfolgte die Eröffnung der 35,3 Kilometer langen Strecke, die mit 1. Januar 1932 verstaatlicht wurde. Die Betriebsführung wurde den k. k. Staatsbahnen (KkStB) übertragen, die den Betrieb mit vier Dampflokomotiven der Reihe U (U.24 – U.27), sechs Personenwagen, zwei Gepäck- und Postwagen sowie 40 Güterwagen aufnahm. Weitere Lokomotiven folgten 1907 mit der U.36 sowie 1924 mit der Uv.7 (ex NÖLB Uv.3) in der Ausführung als Verbundmaschine sowie noch im selben Jahr mit der Uh.1 der Niederösterreichischen Landesbahnen (NÖLB) als eine bei Krauss gebaute U mit Heißdampfausführung. Sie blieb trotz guter Bewährung nur ein Einzelstück. Nachdem die Bundesbahnen Österreich (BBÖ) in den Jahren 1928 bis 1931 von Krauss wieder eine neue Heißdampf-Variante der U ausgeliefert bekamen, wofür die Bezeichnung Uh benötigt wurde, wurde das bisherige Einzelstück Uh.1 in Bh.1 (B für Bregenz) umgezeichnet und gemeinsam mit der Uv.7 nach deren Inbetriebnahme wieder aus Vorarlberg abgezogen. Der Dampfbetrieb mit den neueren Uh dominierte bis 1937, danach kamen neue Diesellokomotiven verschiedener BBÖ und ÖBB-Reihen bis zur endgültigen Einstellung der Schmalspurstrecke im Jahre 1983 zum Einsatz.

Um die Strecke als Touristenattraktion zu erhalten, formierte sich im November 1985 der Verein Bregenzerwaldbahn-Museumsbahn mit dem Ziel, das zusammenhängende Teilstück von Bezau bis zur Haltestelle Schwarzenberg der Nachwelt zu erhalten und

BWB Uh.102 und 2095.13 in Bezau.

Die U.25 war am 3. Juni 2017 mit ihrem Museumszug auf der Sporeneggbrücke im Einsatz.

darauf einen Museumsverkehr abzuwickeln. Der Verein erwarb zunächst Feldbahn-Dieselloks, zwischen 1990 und 1992 kam die im Privateigentum befindliche Nicki S. (ex ÖBB 798.101) und ab 1993 die polnische Schlepptenderlok Px 48-1913 zum Einsatz. Der Verein übernahm ein Jahr zuvor die in Neulengbach aufgestellte U.25 als originale Waldbahnlok, ließ diese in der Werkstätte der Zillertalbahn aufarbeiten und setzt sie seit 1993 im sommerlichen Bummelzugverkehr ein. 1995 wurde als zweite Dampflok die Uh.102 (ex ÖBB 498.08) von der Gurkthal-Museumsbahn übernommen und in der eigenen Werkstatt aufgearbeitet. Sie steht dem Verein seit 2001 zur Verfügung und ist abwechselnd mit der U.25 im Fahrplan- und Sonderzugeinsatz tätig. Der Verein bietet von Mitte Mai bis Ende Oktober an Wochenenden jeweils drei Fahrplanzugpaare an. Von Mitte Juli bis Mitte September werden jeweils am Mittwoch zusätzliche vier Fahrplanzugpaare geführt. Der größte Teil der Fahrplanzüge verkehrt im Dampfbetrieb. Am letzten Juni-Wochenende findet im zweijährigen Rhythmus ein Oldtimertag mit Mehrzugbetrieb statt. Die aktuellen Daten und Veranstaltungen findet man im Internet.

www.waelderbaehnle.at

EINGESETZTE DAMPFLOKOMOTIVEN

Lok	Baujahr	Achsfolge	Hersteller	Bemerkung
U.25	1902	C1' n2t	Krauss Linz	ÖBB 298.25
Uh.102	1931	C1' h2t	Krauss Linz	ex ÖBB 498.08

61 ACHENSEEBAHN: GERETTETES TECHNIK-JUWEL

Die Achenseebahn kann als einzige ihrer Art mit mehreren Besonderheiten aufwarten. Die Strecke wird zwar als Zahnradbahn bezeichnet, sie wird jedoch im Unterschied zur Schafberg- und Schneebergbahn als einzige, je zur Hälfte in einem gemischten Adhäsions- und Zahnstangenbetrieb geführt, zudem ist es die einzige Bergbahn Österreichs, bei der das Zahnstangensystem Riggenbach verwendet wird.

Ein weiteres Highlight dieser Zahnradbahn ist der Umstand, dass auf der 6,8 Kilometer langen Strecke von Jenbach Achenseebahnhof bis zur Schiffstation am Achensee während der Sommermonate die aus der Gründerzeit stammenden vier Dampflokomotiven vor den Dampfzügen zum Einsatz kommen. Der Bau der Achenseebahn geht auf das Jahr 1888 zurück. Noch im selben Jahr wurde das Berliner Bauunternehmen Soenderop & Co. mit

Lok 2 der Achenseebahn schiebt zwei Vorstellwagen am 7. Juni 2014 bergwärts.

dem Bau der 6,4 km langen Strecke beauftragt und nach nur sechsmonatiger Bauzeit konnte bereits am 6. Juni 1889 der Eröffnungszug von Jenbach zum Achensee rollen. Die Achenseebahn nimmt ihren Ausgangspunkt im nordöstlichen Teil des ÖBB-Bahnhofes Jenbach, welcher an der früheren Südbahnlinie Kufstein – Innsbruck – Brenner gelegen ist; südlich davon verkehrt die Zillertalbahn. Der Bahnhof Jenbach ist im Übrigen der einzige Dreispurweitenbahnhof Österreichs, da hier neben der Normalspur auch die Meterspur der Zahnradbahn und die bosnische Spur der Zillertalbahn existiert.

Die Bahn überwindet in dem unmittelbar nach der Ausfahrt beginnenden, 3.400 Meter langen Zahnstangenabschnitt nach dem System Riggenbach bis zu einer Maximalsteigung von 160 Promille einen Höhenunterschied von 440 Metern. Die Zahnstange endet kurz vor dem Erreichen des Kreuzungsbahnhofes Eben, wo sich die bislang schiebende Dampflok nach dem Umsetzen an die Zugspitze setzt und den Zug dann in gezogener Traktion fortsetzt. Der Dampfzug verkehrt weiter auf der folgenden, ebenfalls rund 3.400 Meter langen Adhäsionsstrecke, vorbei an der Ortschaft Maurach am Achensee und endet dann bei der Schiffsstation des Achensees am Endpunkt Seespitz. Wie eingangs schon erwähnt, gehören zum Inventar der mittlerweile mehr als 135 Jahre alten Zahnradbahn vier Dampflokomotiven der Wiener Lokomotivfabrik Floridsdorf. Die Lokomotiven mit den Nummern 1 bis 4 wickelten damals den gesamten Ausflugsverkehr ab, heute stehen nur drei Lokomotiven (1, 3 und 4) zur Verfügung, die Lok 2 befindet sich im Wiederaufbau.

Der Ausflugsverkehr findet täglich vom 1. Mai bis Ende Oktober jedes Jahr mit zumindest drei planmäßig und täglich verkehrenden Zugpaaren in Betrieb statt, die zwischen 11:00 Uhr und 16:00 Uhr verkehren. Die Hauptsaison erstreckt sich auf den Zeitraum von Ende Mai bis Anfang Oktober. Dann verkehren regulär fünf Zugpaare. Als Personenwagen stehen mehrere offene Personenwagen sowie ein Salonwagen zur Verfügung, von denen maximal zwei Wagen pro Zug herangezogen werden. Die Achenseebahn wurde nach einigen Querelen letztendlich durch das Land Tirol übernommen und nach einem Jahr Pause generalsaniert. Die Betriebsführung wurde dabei in die Hände der benachbarten Zillertalbahn gelegt. Seither steht die derzeit älteste Zahnradbahn Österreichs wiederum für den Ausflugs- und Publikumsverkehr zur Verfügung. Im Zuge der Wiedereröffnung präsentierte sich die neue Achenseebahn historisch, indem die Vorstellwagen in der früheren Farbgebung Grün lackiert wurden.

Die Achenseebahn ist zwar nicht die älteste Zahnradbahn Europas, aber mit dem Einsatz der Dampfloks aus der Gründerzeit ist es die älteste, heute mit Dampfloks betriebene Zahnradbahn weltweit.

www.achenseebahn.at

EINGESETZTE DAMPFLOKOMOTIVEN

Lok	Baujahr	Achsfolge	Hersteller	Bemerkung
1–4	1888/89	B zz n2t	Floridsdorf	Originale Loks

62 ZILLERTALBAHN: DAMPF IN TIROL

Der Dampfzugbetrieb auf der Zillertalbahn ist trotz aller Modernisierung und des zweigleisigen Streckenausbaus einschließlich des Halbstundentaktes weiterhin das Highlight dieser ganzjährig verkehrenden und nicht elektrifizierten Schmalspurbahn.

Die Gründung der Zillertalbahn geht auf das Ende des 19. Jahrhunderts zurück, als die Zillerthalbahn Actiengesellschaft vom k. & k. Eisenbahnministerium 1899 die Konzession zum Bau einer Schmalspurbahn erhielt. Gestiegene Baukosten der Gesellschaft führten zu Verzögerungen beim Bau, sodass die heute etwa 32 km lange Strecke in Etappen verwirklicht wurde. Der erste 10,2 km lange Abschnitt zwischen Jenbach und Fügen-Hart ging am 20. Dezember 1900 in Betrieb, gefolgt von drei weiteren Streckeneröffnungen im Jahr 1901 und dem Erreichen des Endbahnhofes Mayrhofen am 31. Juli 1902. Je nach Fortschritt der Betriebsaufnahme wurden die Fahrzeuge beschafft. Die Zillertalbahn orientierte sich dabei an bereits bewährten Typen der KkStB, die bei Krauss in Linz beschafft wurden. Zum Zeitpunkt der Streckeneröffnung wurden zwei Lokomotiven der Reihe U (Lok Nr. 1 und 2) sowie die Lok Nr. 3 der Reihe Uv in Dienst gestellt. 1905 wurde der Bestand nochmals um eine leichte 1B-Lokomotive Nr. 4, die 1958 ausgemustert wurde, und um eine Lok Nr. 5 der Reihe Uh ergänzt. Der Dampfbetrieb dominierte bis Ende der 1920er-Jahre. 1928 wurden erstmals Triebwagen und Diesellokomotiven mit Verbrennungsmotoren beschafft. Es folgten noch weitere Fahrzeuge dieser Traktionsform, welche die Dampfloks aus dem Regelbetrieb ablösten.

Nach dem Ausscheiden der Lok Nr. 4 im Jahre 1958 gelangte die ehemalige SKGLB-Lok 22 zur Zillertalbahn und wurde dort bei gleicher Betriebsnummer in Zweitbesetzung eingesetzt, ehe sie dann im Bregenzerwald für die Dampfbummelzüge der Eurovapor Verwendung fand und 1987 an den Industriellen Walter Seidensticker verkauft wurde. Die Lok war anschließend als „Aquarius C“ auf der Rügenschen Kleinbahn in Putbus tätig, ehe sie im Jahr 2016 vom Club 760 erworben wurde und seither auf der Taurachbahn mit ursprünglicher Betriebsnummer Verwendung findet. Als neue Lok 4 (in Drittbesetzung) gesellte sich Ende Januar 1994 die ehemalige bosnische 83-076 des Club 760 mittels eines langfristigen Mietvertrages zur Zillertalbahn. Die Leihlok übernahm den täglich verkehrenden Dampfbummelzug ins Tal, womit sich die bis dahin notwendigen Doppelbespannungen erübrigten. Die Lok 1 ist seit 1968 infolge eines Kesselschadens und Zylinderbruchs nicht mehr einsetzbar und wurde 1970 dem Tiroler Landesmuseum in Innsbruck als Denkmallok bis 1999 überlassen. Danach kehrte die Lok zur Zillertalbahn zurück und ist seit 2009 Denkmallok vor dem Heimatmuseum in Jenbach. Die Lok 2 war von 2013 bis 2019 ohne Einsatz an die Pinzgauer Lokalbahn vermietet und wurde nach einer Aufarbeitung längerfristig an die

Lok 5 führt am 3. August 2015 bei Laimach den Dampfzug nach Mayrhofen.

Welshpool & Llanfair Light Railway verliehen. Für die Bespannung des Dampfzuges stehen derzeit die Lokomotiven 3 bis 5 zur Verfügung, allerdings musste in den letzten Jahren das Angebot zurückgefahren werden. Die Dampfzüge ins Zillertal verkehren von Juni bis Mitte September an Dienstag, Mittwoch und Donnerstag. Das aktuelle Angebot und die Fahrzeiten werden auf der Homepage veröffentlicht.

www.zillertalbahn.at

EINGESETZTE DAMPFLOKOMOTIVEN

Lok	Baujahr	Achsfolge	Hersteller	Bemerkung
2	1900	C1' n2t	Krauss Linz	Reihe U
3	1902	C1' n2t	Krauss Linz	Reihe Uv
4[3]	1909	D1' h2	Krauss Linz	ex BHLB 83-076, Dauerleihgabe Club 760
5	1930	C1' h2t	Krauss Linz	Reihe Uh
6	1916	B n2t	Krauss München	Hobby-Lok

63 PINZGAUER LOKALBAHN: DIE „KRIMMLERBAHN"

Die Pinzgauer Lokalbahn als ehemalige ÖBB-Schmalspurbahn erlebte seit 2008 durch die Übernahme der Salzburger Lokalbahn/Salzburg AG ein Revival und stand dennoch immer wieder durch etliche Hochwasserprobleme mehrmals vor dem Aus. Heute ist die „Krimmlerbahn" ein unverzichtbares Verkehrsmittel im Pinzgau.

Die Pinzgauer Lokalbahn geht auf die 1896 erfolgte Gründung der Pinzgauer Localbahngesellschaft zurück, welche die Konzession zum Bau einer 52,7 km langen Lokalbahn vom Bahnhof Zell am See durch das langgestreckte Obere Salzachtal bis nach Krimml erhielt. Die Betriebsführung der „Krimmlerbahn" wurde bei Betriebsaufnahme am 2. Januar 1898 an die KkStB übertragen. 1906 ging die Strecke in das Eigentum des Staates über. Für die Betriebsführung der Schmalspurbahn standen nur kleine Dreikuppler-Dampfloks ohne Laufachse zur Verfügung, die im Nummernschema der KkStB als Reihe Z (= Zell am See) bei Krauss/Linz 1897/98 beschafft worden waren. Der stark zunehmende Personen- wie Güterverkehr führte die Loks rasch an ihre Leistungsgrenze, sodass hier 1918 Lokomotiven der Reihe U (= ÖBB-Reihe 298.0) heimisch wurden. Auch diese waren für den ab 1927 eingeführten Rollwagenverkehr zu schwach, weshalb ab 1928 als verbesserte Ausführung drei Lokomotiven der Reihe Uh (Uh.4 – Uh.6, spätere Reihe 498) als Heißdampfvariante beschafft wurden. Die Reihe Uh fiel durch den größeren Kessel auf. Auf der Pinzgauer Lokalbahn waren im Laufe ihrer Geschichte noch weitere Dampflokreihen im Einsatz, beispielsweise die Steyrtalloks der Reihe 298.100. Sie trugen bis zur ersten Hälfte der 1960er-Jahre die Hauptlast des Betriebsdienstes und wurden ab 1961 durch neugelieferte Dieselloks der Reihe 2095 abgelöst.

Tourismus und Dampf

Da das Pinzgau traditionell eine Tourismushochburg ist, wurde im Jahr 1981 das Angebot von Dampfbummelzügen geschaffen. Es stand zunächst die ex-Heeresfeldbahn-Schlepptenderlok 699.01 vom Club 760 sowie die 298.25 zur Verfügung. 1986 kam mit der 399.01 erstmals eine ehemalige Schlepptenderlok der Mariazellerbahn ins Pinzgau, die bis zum Fristablauf 2001 an den Wochenenden die Museumszüge schleppte, danach war die Z 6 des Club 760 im Einsatz. Der neue Eigentümer (SLB) setzt seit der Übernahme sehr auf den Tourismusverkehr in der Region.

Die Pinzgauer Lokalbahn bietet donnerstags von Anfang Mai bis Ende September Dampfsonderzüge an. Zusätzlich gibt es weitere Einsatztage wie z. B. beim alljährlichen Nostalgietag, welcher an einem Samstag ist. Weitere Nostalgiesonderzüge (allerdings mit historischer Diesellok) gibt es alljährlich in Form von „Moonlightshoppingzügen" oder im Winter, wie die beliebten Nikolaus-, Christkindl- und Silvesterzüge zeigen. Die Dampfzüge werden entweder von der

Die bosnische JZ 73-019 erreichte mit den SLB-Stromlinienwagen die Ortschaft Rettenbach.

Stammlok Mh.3 oder der seit Sommer 2015 angemieteten bosnischen 73-019 (Eigentümer Club 760) gezogen. Mit der in Krimml nicht betriebsfähig hinterstellten 498.07 befindet sich außerdem eine Vertreterin der Reihe Uh bei der Pinzgauer Lokalbahn.

www.pinzgauerlokalbahn.at

EINGESETZTE DAMPFLOKOMOTIVEN

Lok	Baujahr	Achsfolge	Hersteller	Bemerkung
Mh.3	1906	D2 h2t	Krauss Linz	ex ÖBB 399.03
Uh.7	1931	C1' h2t	Floridsdorf	ex ÖBB 498.07
Ds.9	1913	1C 1 h2	Budapest	Club 760

64 SCHAFBERGBAHN AM WOLFGANGSEE

Das Salzkammergut und seine Bergwelt galten schon früh als Inbegriff der Sommerfrische, wofür nicht nur die sommerlichen Audienzen der Habsburger in Bad Ischl verantwortlich waren. Auch die bekannte Operette „Im Weißen Rößl" machte und macht St. Wolfgang und den Schafberg bekannt.

Der damals aufkeimende Fremdenverkehr hat zu einem neuen Berufsbild geführt. Rund 30 „Sesselträger" trugen vornehme Herrschaften auf die Berge. Um den Schafberg leichter erklimmen zu können, erhielten bereits 1872, also ein Jahr nach der Eröffnung der ersten europäischen Zahnradbahn auf den Rigi, zwei Privatpersonen eine Konzession zum Bau einer Zahnradbahn von St. Wolfgang auf die 1783 Meter hohe Schafbergspitze, die eine wunderbare Aussicht auf die Bergwelt des Salzkammergutes und zugleich den Ausblick auf acht Seen in der Region ermöglicht.

Die Wirtschaftskrise von 1873 vereitelte zunächst den Bau. 1889 kam erneut Bewegung in die verkehrsmäßige Erschließung der Region. Die bayerische Lokalbahn AG (LAG) und das Bauunternehmen Stern & Hafferl einigten sich bezüglich der Errichtung einer schmalspurigen Bahnlinie von Salzburg nach Bad Ischl und der Zahnradbahn auf den Schafberg. Die Konzession zum Bau der Schafbergbahn erhielt Stern & Hafferl am 13. Januar 1890. Mit deren Bau wurde 1891 begonnen, Betriebsbeginn war am 1. August 1893. Sie war damals nach der normalspurigen Kahlenbergbahn in Wien (1874 eröffnet

Abgestellter Dampfzug der SKGB oberhalb der Endstation Schafbergspitze.

Lok 12 in der Talstation ...

und 1922 eingestellt), der meterspurigen Gaisbergbahn (1887 eröffnet, 1928 eingestellt) und der Achenseebahn die vierte und gleichzeitig vorletzte österreichische Zahnradbahn. Sie überwindet einen Höhenunterschied von 1190 Metern und hat eine durchschnittliche Steigung von 200 Promille. Die rund 5,8 km lange Strecke wies bei Betriebsaufnahme zwei Ausweichstationen auf und ist mit Zahnstangen nach dem System Abt versehen. Die Talstation liegt unmittelbar am Nordufer des Wolfgangsees, die Bergstation liegt unter dem Berghotel auf 1.732 Metern Seehöhe.

Die Schafbergbahn erhielt bei Betriebsaufnahme sechs Zahnradlokomotiven (Z 1 bis 6) mit einer Kesselneigung von 160 Promille. Für den Personentransport dienten eigens beschaffte Vorstellwagen. Wirtschaftliche Turbulenzen der SKGLB führten zum Verkauf der Zahnradbahn an das Österreichische Verkehrsbüro per 30. November 1931, welches die BBÖ als Betriebsführer beauftragte. 1939 erfolgte die Verstaatlichung durch die Deutsche Reichsbahn, nach 1945 verblieb die Bahn bei den ÖBB. Die ÖBB nahmen Mitte der 1960er-Jahre noch zwei SGP-Dieseltriebwagen der Reihe 5099 sowie zu Beginn der 1990er-Jahre vier mit Dieselöl betriebene Pseudo-Dampfloks von SLM in Betrieb.

2006 wurden alle Fahrbetriebsmittel und Anlagen von der neu gegründeten Salzkammergutbahn (SKGB) als Tochtergesellschaft der Salzburg AG übernommen. Die Salzburg AG hat die Gesellschaft dann in der Salzburg AG Tourismus GmbH mit anderen touristischen Attraktionen zusammengefasst. Mit dem Betriebsübergang besann man sich der historischen Herkunft und setzte die noch betriebsfähigen Zahnradbahnloks in ihren Originalzustand zurück.

Im Jahr 2010 wurde der Fuhrpark um die erste dieselelektrische Lokomotive VZ 31 erweitert, eine weitere kam 2016 (VZ 32), gefolgt von nochmals zwei Loks im Jahr 2020 (VZ 33 und 34). Die Betriebssaison erstreckt sich von Ende April bis zum 26. Oktober und ist speziell auf den Touristen- und Ausflugsverkehr ausgerichtet. Der Einsatz der historischen Dampflokomotiven aus der Gründerzeit erfolgt nur an ausgewählten Tagen im Hochsommer von ca. Mitte Juni bis Ende August. Die genauen Fahrtage des historischen Dampfzuges sind

... und bei der Ankunft auf der Bergstation.

Alt und neu auf der Schafbergspitze: Dieselzug mit VZ 31 und Nostalgiezug mit Lok Z 1.

in der Homepage veröffentlicht. Aktuell sind nur mehr die Z 4 und Z 6 dafür verwendbar. Alle anderen Loks sind als „Museumsexponate“ erhalten geblieben. Die Z 1 wurde mit Rundschlot in den Originalzustand zurückversetzt, welcher im Betrieb Probleme mit dem Funkenflug machte. Sie steht seit November 2022 vor dem im April 2023 eröffneten „Erlebnis Quartier“ der neuen Talstation aufgestellt. Die Z 2 ist seit 2011 in Abersee als Denkmallok aufgestellt. Die Z 3 wurde im April 2006 als Leihgabe an den Lokpark Ampflwang abgegeben und zwölf Monate später der Lokwelt Freilassing übergeben. Lok Z 5 war zuletzt teilweise blau lackiert und gehört seit 1996 dem Technischen Museum Wien. Sie war kurzzeitig vor dem Museum TraumWerk bei Anger aufgestellt und befindet sich heute im Depot in Haringsee.

www.5schaetze.at/de/schafbergbahn.html

EINGESETZTE DAMPFLOKOMOTIVEN

Lok	Baujahr	Achsfolge	Hersteller	Bemerkung
Z 4	1893	B1 zzn2t	Krauss Linz	ex ÖBB 999.104
Z 6	1894	B1 zzn2t	Krauss Linz	ex ÖBB 999.106
Z 11	1992	B1 zzn2t	SLM	ex ÖBB 999.201
Z 12–1	1995	B1 zzn2t	SLM	ex ÖBB 999.202 - 204

65 STEYRTALBAHN: DAMPF BIS HEUTE

Die Steyrtalbahn kann im Vergleich zu anderen Schmalspurbahnen mit einigen Besonderheiten aufwarten, wobei diese maßgeblich auf Forderungen der Heeresverwaltung der österreich-ungarischen Doppelmonarchie zurückzuführen sind.

Nachdem in den Ländereien von Bosnien und Herzegowina erste Schmalspurbahnen mit 760 mm Spurweite entstanden, bestanden die Militärbehörden auf der Einführung der „bosnischen“ Spur im gesamten übrigen Reich. Die Steyrtalbahn wurde von der gleichnamigen Aktiengesellschaft errichtet und verlief großteils entlang des wildromantischen Flusslaufes der Steyr. Sie stellte Verbindungen zu den Normalspurstrecken der Kronprinz-Rudolfsbahn und der Pyhrnbahn dar. Am 20. August 1889 wurde der erste Streckenteil eröffnet, dem weitere Teilstrecken in mehreren Etappen bis zum 26. Oktober folgten. Auf gleiche Weise erfolgte auch die Stilllegung der Steyrtalbahn, ihr vorzeitiges Ende wurde nach einer Gesteinsmure bei Haunoldmühle am 28. März 1980 eingeläutet, die Einstellung des restlichen Gesamtverkehrs erfolgte am 28. Februar 1982.

Die Betriebsführung oblag zunächst der Steyrtalbahn AG. Zur Abwicklung des Zugverkehrs wurden sechs nahezu baugleiche Lokomotiven mit den Nummern 1 – 6 beschafft. Nachdem Lok 1 im Jahr 1937 ausgemustert wurde, gelangten die übrigen fünf als 99.7831 bis 7835 zur DRB bzw. als 298.102 – 106 zur ÖBB, die zu Beginn der 1960er-Jahre ausgemustert wurden. Die Steyrtalbahn blieb aber ein Dampflok-Eldorado. Es folgten Einsätze der 598.01 (Reihe Yv) bis 1949 und der Reihe 798.0 (Heeresfeld-Lokomotiven) bis 1956. Die Reihe U (298.0) war zwischen 1942 und 1982 mit bis zu neun Loks vertreten, gefolgt von der Reihe Uh (ÖBB-Reihe 498) mit bis zu drei Maschinen und der ex-Heeresfeldlok 699.103 zwischen 1972 und 1982.

Dass es heute auf der noch 17 Kilometer langen Reststrecke (Steyr Lokalbahnhof – Grünberg) einen musealen Dampfbetrieb gibt, ist der Österreichischen Gesellschaft für Eisenbahngeschichte zu verdanken, die die Strecke übernahm. Der jährliche Saisonstart beginnt am 1. Mai, gefahren wird an allen Wochenenden von Anfang Juni bis Anfang Oktober sowie während der Adventszeit, am Silvestertag und einzelnen Feiertagen.

Für den Museumsbetrieb stehen mehrere Dampflokomotiven zur Verfügung, und zwar die 298.102 als älteste erhaltene Schmalspur-

Treffen von 298.102 und 298.53 der ÖGEG.

Sonderzug mit der originalen 298.102 der früheren Steyrtalbahn bei Pergern.

lok Österreichs, die 298.53, die 498.04 als ehemalige Vertreterin der Reihe Uh und die 699.103. Derzeit abgestellt bzw. in Aufarbeitung befinden sich die Nr. 6 „Klaus" (ehemals 298.106), die 298.05 und 298.52 sowie die 399.05. Der Fahrbetrieb findet ab Grünberg zwischen 11:00 und 18:30 Uhr mit zwei Zugpaaren im Sommerfahrplan oder zwischen 09:40 und 19:30 Uhr mit bis zu sechs Zugpaare im Winterfahrplan statt.

www.oegeg.at/schmalspur-steyrtalbahn

EINGESETZTE DAMPFLOKOMOTIVEN

Lok	Baujahr	Achsfolge	Hersteller	Bemerkung
298.102	1888	C1' n2t	Krauss Linz	ex ÖBB 298.102
Nr. 6	1914	C1' n2t	Krauss Linz	ex ÖBB 298.106
298.05	1898	C1' n2t	Krauss Linz	ex ÖBB 298.05, Aufarbeitung geplant
298.52	1898	C1' n2t	Krauss Linz	ex ÖBB 298.52, in Aufarbeitung
298.53	1898	C1' n2t	Krauss Linz	ex ÖBB 298.53
399.05	1908	D2 h2t	Krauss Linz	ex ÖBB 399.05, in Aufarbeitung
498.04	1929	C1' h2t	Krauss Linz	ex ÖBB 498.04
699.103	1944	D h2t	Franco Belge	ex ÖBB 699.103

66 YBBSTALBAHN BERGSTRECKE

Die Museumsbahn ist heute der letzte verbleibende Rest einer einstmals 71 km langen Schmalspurstrecke von Waidhofen an der Ybbs nach Kienberg-Gaming. Lokale Ambitionen zur Umwandlung in einen Radweg wurden von der Landespolitik durch ein klares Machtwort im Keim erstickt.

Die im Eigentum der Österreichischen Gesellschaft für Lokalbahnen befindliche NÖLB – NÖ Lokalbahnen Betriebs GmbH – ist Betreiberin des landschaftlich schönsten Teils der Ybbstalbahn. Die aktuelle Situation im Mostviertel zeitigt eine zweigeteilte Ybbstalbahn: Waidhofen an der Ybbs – Waidhofen an der Ybbs Pestalozzistraße als drei Kilometer langer Rumpfbetrieb unter dem Markennamen Citybahn. Die Strecken nach Ybbsitz und nach Göstling wurden abgetragen. Die vom sanften Tourismus geprägte Region wurde damit um wertvolle Infrastruktur dauerhaft beraubt. Der zweite Inselbetrieb erstreckt sich einerseits auf die 17 Kilometer lange Bergstrecke zwischen Lunz am See und Kienberg-Gaming, auf welcher seit Juni 1988 kein Planverkehr existiert, und den von der NÖVOG seit dem Jahr 2012 angemieteten Talabschnitt Lunz am See – Göstling an der Ybbs, was in Summe 26 Kilometer ergibt. Heute ist dort ein Draisinenbetrieb angesiedelt.

Die Ybbstalbahn wurde von einer gleichnamigen Gesellschaft in Etappen errichtet. Der erste Abschnitt von Waidhofen an der Ybbs nach Großhollenstein wurde am 15. Juli 1896 eröffnet, gefolgt vom Abschnitt Großhollenstein – Lunz am See am 15. Mai 1898

Ein ÖGLB-Museumszug mit Lok U 1 dampft über das bekannte Hühnernestgrabenviadukt.

und der Bergstrecke am 12. November selben Jahres. Am 9. März 1899 folgte noch die 5,7 km lange Zweigstrecke von Gstadt nach Ybbsitz. Mit der Betriebsführung wurde auch hier die KkStB beauftragt. Zur Anfangsausstattung der Ybbstalbahn zählten drei C2' n2vt-Tenderlokomotiven mit Nassdampf-Verbundtriebwerken, die als Reihe Yv (Y = Ybbstalbahn, spätere ÖBB-Reihe 598) geführt wurden. Die mangelnde Bewährung der Loks trotz des Umbaus der im Außenrahmen-Drehgestell gelagerten Laufachsen führte folglich zur Indienststellung der bewährten Reihe U, zudem gesellten sich noch Loks der Reihen Bh (398), Uh (498) und T (199) nach Waidhofen an der Ybbs. Bereits in den 1930ern hielt die Dieseltraktion im Ybbstal Einzug, zum Einsatz gelangten zwei interessante Einzelstücke (spätere ÖBB-Lok 2090.01 und 2093.01), denen nach dem Zweiten Weltkrieg weitere Typen folgten. Der Dampfbetrieb blieb noch bis 1966 erhalten und war in der Hand der ÖBB-Reihen 298.200, 398, 498 und 598 sowie nur ganz kurzzeitig 1955/56 der 798.101 und zwischen 1962 und 1966 von der Reihe 698, wobei bis in die erste Hälfte der 1960er-Jahre der Dampflokbestand zwischen acht und zehn Maschinen versus drei Dieselloks betrug.

Nach der Verdieselung der Bahnlinie verblieb die 598.02 noch bis 1973 im ÖBB-Betriebsbestand und wurde an den Club 598 veräußert, der die Lok nach erfolgter Aufarbeitung ab 1979 als Yv.2 bezeichnete. Als die ÖBB-Nostalgieabteilung im Jahr 1997 die 399.03 auf die Ybbstalbahn zur Abwicklung der Sonderzüge umsetzte, wurde die 598.02 auf der Bergstrecke eingesetzt. Der Museumsbetrieb auf der Bergstrecke existiert seit 1990 und wird durch die beiden im Ybbstal ansässigen Vereine ÖGLB und Club 598 durchgeführt. Der NÖLB stehen neben mehreren Dieselloks auch Dampflokomotiven mit Bezug zur Bahnlinie zur Verfügung. Einsatzfähig ist derzeit die U.1 und Yv.2, die nach genau festgelegten Fahrtagen gemäß im Internet veröffentlichtem Fahrplan eingesetzt werden. Die künftigen Einsätze der Yv.2 sind noch im Planungsstadium und vom Club 598 als Eigentümer abhängig. Dem Verein gehört noch die Uv.1, welche 2017 aber wegen undichter Rohre abgestellt werden musste. Der Verein führt alljährlich zwischen Juni und Ende Oktober an Wochenenden mehrere Sonderzüge über die landschaftlich reizvolle Gegend mit seinen beiden Trestlework-Brücken. Der aktuelle Fahrplan und die Einsatztage werden laufend auf der Homepage des Vereins publiziert.

www.lokalbahnen.at/bergstrecke

EINGESETZTE DAMPFLOKOMOTIVEN

Lok	Baujahr	Achsfolge	Hersteller	Bemerkung
Yv.2	1896	C2' n2vt	Krauss Linz	ex ÖBB 598.02 / Club 598
U.1	1898	C1' n2t	Krauss Linz	ex ÖBB 298.51
Uv.1	1902	C1' n2vt	Krauss Linz	ex ÖBB 298.205, abgestellt

67 WALDVIERTEL: SCHMALSPURPARADIES

Die beiden Schmalspurstrecken im Waldviertel sowie die Zugförderungsstelle Gmünd (NÖ) galten über Jahrzehnte als die Dampflokhochburg im Schmalspurnetz der ÖBB, waren doch die dort eingesetzten Maschinen sehr lange im Planbetrieb.

Nach wie vor kommt dem Schmalspurnetz im Waldviertel mit seinem Nordast nach Litschau und seinem Südast nach Groß Gerungs eine große Bedeutung zu. Nachdem die ÖBB die gesamten Anlagen zum Fahrplanwechsel 2010 an die NÖVOG – Niederösterreichische Verkehrsorganisationsgesellschaft m.b.H. – übergeben haben, wurde dort zumindest für die Sommermonate ein abwechslungsreicher Mischbetrieb mit den historischen Diesellokomotiven V 5 (ex ÖBB 2095.05) und V 12 (ex ÖBB 2095.12) sowie den gold-grau lackierten Dieseltriebwagen ex ÖBB-Reihe 5090 etabliert.

Die Geschichte des Streckennetzes geht auf das Ende des 19. Jahrhunderts zurück. Betriebsmittelpunkt war ursprünglich der tschechische Nachbarort České Velenice, die Grenzziehung nach 1918 machte die Neutrassierung einzelner Streckenteile am Nordast notwendig. Für den Bau und Betrieb der drei Linien zeichnete die Niederösterreichische Waldviertelbahn AG verantwortlich. Als erste Strecke wurde die 25,3 Kilometer lange Bahnlinie von Gmünd nach Litschau sowie die 13 Kilometer lange Zweiglinie von Alt Nagelberg nach Heidenreichstein (heute im Eigentum des Waldviertler Schmalspurvereins) in Betrieb genommen. Die Fertigstellung des Netzes erfolgte dann am 1. März 1903, als der 43 Kilometer lange Südast in Betrieb ging. Die Strecken verlaufen durch landschaftlich reizvolle Gegenden, am Südast wird die Wasserscheide zwischen Donau und Moldau über den „Kleinen Semmering" überwunden. Für den Betrieb wurden vier Lokomotiven der bewährten Reihe U sowie zwei Verbundlokomotiven der Reihe Uv beschafft. Obwohl während des Zweiten Weltkrieges erstmals Dieselloks eingesetzt wurden, denen in den 1960er-Jahren die neuere Type 2095 folgte, konnte sich die Dampftraktion bis zur Einstellung des Güterverkehres und im Nostalgieverkehr behaupten. Neben den Lokomotiven der Reihe Uv (ÖBB-Reihe 298.200) und den sechs Vierkuppler-Stütztenderlokomotiven der Reihe Mh (ÖBB-Reihe 399) gesellten

NÖVOG Mh.1 mit Jubiläumssonderzug.

Dampfsonderzug nach Groß Gerungs mit Mh.4 der NÖVOG auf dem Viadukt bei Weitra.

sich im Laufe der Jahre auch besondere Typen dazu, wie die sächsische IVk, aber auch Lokomotiven der ÖBB-Reihen 398 (ex Bh), 498 (Uh), 598 (Yv), 199 (T) sowie 299 (Mv) und ex-Heeresfeld-Dampflokomotiven während der 1960er-Jahre.

Die NÖVOG setzt aktuell ihre Lokomotiven der Reihe 399 in Gmünd ein, und zwar die Mh.1 (ex 399.01, verweilt seit Herbst 2024 zur Hauptuntersuchung im DB-Dampflokwerk in Meiningen) und die 2015 aufgearbeitete Mh.4 (399.04). Die Dampflokomotiven verkehren am 1. und 3. Wochenende im Monat. Der Südast (Gmünd – Groß Gerungs) wird an jedem 1. und 3. Samstag im Monat von Mai bis Oktober befahren. Der Sonntag ist dem Nordast vorbehalten, dort verkehren die Dampfzüge an jedem 1. und 3. Sonntag der Monate Mai bis Oktober. An allen anderen Betriebstagen werden eine historische Diesellok bzw. die „Goldenen Triebwagen" eingesetzt.

www.waldviertelbahn.at

EINGESETZTE DAMPFLOKOMOTIVEN

Lok	Baujahr	Achsfolge	Hersteller	Bemerkung
Mh.1	1906	D2 h2t	Krauss Linz	ex ÖBB 399.01
Mh.4	1906	D2 h2t	Krauss Linz	ex ÖBB 399.04

68 MARIAZELLERBAHN UND DER CLUB MH.6

Der Dampflokbetrieb auf der einzigen elektrifizierten Schmalspurbahn Österreichs, der bekannten Mariazellerbahn, hat heutzutage nur mehr eine geringe Bedeutung. Dies war nicht immer so, denn die ersten Betriebsjahre der Mariazellerbahn waren ausschließlich vom Betrieb mit verschiedenen Dampfloktypen geprägt.

Mariazell, seit 1266 urkundlich erwähnter Wallfahrtsort, war für viele Pilger während der Monarchie ein wichtiges Ziel, sodass der ansonsten beschwerliche Weg durch den Bau einer gut 90 Kilometer langen Schmalspurbahn durch das Pielachtal und im niederösterreich-steirischen Alpenraum rund um den Ötscher eine wesentliche Erleichterung darstellte. Die Realisierung nahm jedoch fast zehn Jahre in Anspruch und erfolgte in drei Etappen. Für den Betrieb der doch sehr anspruchsvollen Bahnlinie wurden neben Komarek-Triebwagen unterschiedliche Dampfloktypen beschafft. Das Verkehrsaufkommen war enorm und stellte die Betreiber der Niederösterreichischen Landesbahnen (NÖLB) vor Herausforderungen. Stärkere Dampflokomotiven wurden notwendig.

Auf der Suche nach der richtigen Lok

Ing. Josef Fogowitz lud daraufhin mehrere Lokomotivfabriken ein, Vorschläge für eine leistungsfähige Dampflokomotive einzureichen, die den Anforderungen der Bergstrecke am besten entsprechen sollte. Der am meisten zusagende Entwurf stammte von der Lokfabrik Krauss & Co in Linz. Krauss schlug eine

Dampfsonderzug mit Mh.6 vom gleichnamigen Club auf der Fahrt nach Mariazell.

Dampfsonderzug anlässlich 110 Jahren Mariazellerbahn mit Mh.6 bei Unterbuchberg.

Stütztenderlokomotive vor, deren Vorteil war, dass die Betriebsstoffe auf einem eigens mitgeführten Tender lagerten und die Lokomotive dennoch zur Gänze als Reibungsgewicht wirkt. Krauss fertigte zunächst vier Heißdampflokomotiven der Reihe Mh (M = Mariazell, h = Heißdampf, spätere ÖBB-Reihe 399) und zwei Verbundlokomotiven der Reihe Mv (spätere ÖBB-Reihe 299). Beide Serien wurden 1906 bzw. 1907 in Betrieb genommen, wobei sich die Heißdampfmaschinen besser bewährten. 1908 kam es zum Folgeauftrag über zwei weitere Mh. Alle sechs Lokomotiven gelangten nach der Betriebsübergabe der NÖLB zur BBÖ und zur Deutschen Reichsbahn und waren sodann im ÖBB-Bestand als 399.01 – 06 zu finden. Die Loks wurden nach der Elektrifizierung anderen Strecken zugewiesen.

Der aufkommende Museumsverkehr führte dazu, dass sich der in Obergrafendorf ansässige Verein Club Mh.6 um die 399.06 verdient machte und die Lok noch während der ÖBB-Zeiten in den Ursprungszustand zurückversetzte. Die Lok gehört seit 2012 der Nachfolgegesellschaft NÖVOG – Niederösterreichische Verkehrsorganisationsgesellschaft und wird vom Club Mh.6 weiterhin mustergültig betreut und eingesetzt. Sie wird jährlich mehrmals auf der Plantrasse des „Nostalgie-Dampfzugs“ eingesetzt und bespannt dabei historische Personenwagen. Die Verkehrstage sind einmal monatlich von Mai bis Mitte Oktober und traditionell auch an mehreren Betriebstagen im Advent. In Mariazell wird die Lok für die Rückfahrt gedreht, zugleich haben dort die Reisenden die Möglichkeit, die Lok nicht nur aus der Nähe zu bestaunen, sie können diese zudem ungestört fotografieren. In Mariazell besteht noch eine weitere Attraktion, und zwar unmittelbar beim neugestalteten Bahnhof. Auf der Westseite des Bahnhofes bietet sich die Fahrt mit der angrenzenden Museumstramway Mariazell zum Erlaufsee an.

www.mariazellerbahn.at

EINGESETZTE DAMPFLOKOMOTIVEN

Lok	Baujahr	Achsfolge	Hersteller	Bemerkung
Mh.6	1908	D2 h2t	Krauss Linz	ex ÖBB 399.06

69 SCHNEEBERGBAHN – HOCH HINAUF

Die niederösterreichische Schneebergbahn ist die dritte noch aktive und die letzte in Österreich gebaute Zahnradbahn der Alpenrepublik. Die Bedeutung dieser Zahnradbahn ergibt sich vor allem aufgrund der Nähe zur damaligen Reichshauptstadt Wien.

Der Bau der Zahnradbahn auf den 2.076 Meter hohen Schneeberg ist auf Überlegungen des 19. Jahrhunderts zurückzuführen und wurde nach der Fertigstellung der Lokalbahnstrecke von Wiener Neustadt nach Puchberg neu angefacht. Sie wurde von 1895 bis 1897 mit dem Zahnstangensystem Abt in zwei Etappen realisiert. Der erste Abschnitt beginnt in Puchberg auf 577 Metern Seehöhe und endet an der Ausweiche Baumgartner auf 1.397 Metern Seehöhe und wurde am 1. Juni 1897 eröffnet. Das verbleibende, ca. zwei Kilometer fehlende Reststück bis zum Bahnhof Hochschneeberg, auf 1.795 Metern Seehöhe gelegen, ging am 25. September 1897 in Betrieb. Der neue Betreiber, die NÖSBB – Niederösterreichische Schneebergbahn GmbH – hat die Strecke in nördlicher Richtung verlängert. Die Streckenlänge betrug beim Bau 9,699 km, heute sind es 9,851 km, bedingt durch eine Streckenverlängerung am Bahnhof Hochschneeberg, welcher auf 1.800 m Seehöhe liegt.

Der Bau der Strecke geht ursprünglich auf die Baufirma Arnoldi zurück. Sie hatte zunächst auch die Betriebsführung. Finanzielle Turbulenzen führten zur Übergabe dieser Funktion per 26. November 1898 an die Gesellschaft Eisenbahn Wien – Aspang (EWA). Im 20. Jahrhundert kam es zweimal zu Änderungen in den Besitzverhältnissen. Die Strecken und Anlagen der EWA fielen 1937 an die BBÖ, welche später in der Deutschen Reichsbahn und nachfolgend in den ÖBB aufging. Der Betrieb der stark defizitären Bahnlinie wurde danach an die neu geschaffene NÖSBB übertragen. Die Gründung der NÖSBB hatte zum Ziel, die stark einstellungsgefährdete Bahnlinie auf neue, gesunde und nachhaltige „Beine“ zu stellen. Zum 100. Geburtstag der Zahnradbahn wurde die Modernisierung durch die Anschaffung von

Denkmallok NÖSBB Z 1 in Puchberg.

Dampfnostalgiezug mit NÖSBB 999.05 am höchsten Bahnhof Österreichs.

drei Salamander-Triebwagen verkündet, die seither die Hauptlast des Ausflugs- und Tourismusverkehrs während der Betriebssaison von Ende April bis November sowie auch im Advent tragen. Damit endete gleichzeitig der bis dahin dominierende Ausflugsverkehr mit Dampflokomotiven, wofür noch immer fünf Lokomotiven aus der Gründerzeit sowie doppelt so viele Vorstellwagen zur Verfügung standen.

Die fünf originalen Schneebergbahnlokomotiven entsprechen bis auf die Kesselneigung von 120 Promille den Loks der Schafbergbahn und wurden ebenso bei Krauss in Linz in den Jahren 1896/97 gebaut. Bei den ÖBB wurden die Maschinen als 999.01 bis 05 geführt. Der Ausflugsverkehr auf der Schneebergbahn wurde lange Zeit mit den Dampflokomotiven und zwei Vorstellwagen, die bis zu 100 Personen fassen konnten, durchgeführt. Heute existiert nur mehr ein bescheidener Nostalgieverkehr, welcher zwischen Juni und September jeweils am 2. Sonntag im Monat angeboten wird. Der Nostalgiezug wird mit den Dampfloks Z 2 (ex ÖBB 999.02) oder Z 5 (ex ÖBB 999.05) geführt und benötigt heute eine Fahrzeit von 94 Minuten bergwärts bzw. einer Stunde talwärts. Im früheren Planverkehr waren dafür 77 bzw. 56 Minuten veranschlagt, währenddessen im Vergleich dazu die Salamander-Garnituren nur 40 Minuten Fahrzeit benötigen. Die Lok Z 1 (ex ÖBB 999.01 ist seit Sommer 2020 als Denkmallok vor dem Betriebsgebäude aufgestellt.

www.schneebergbahn.at | www.noevog.at

EINGESETZTE DAMPFLOKOMOTIVEN

Lok	Baujahr	Achsfolge	Hersteller	Bemerkung
999.01-05	1897	B1 zzn2t	Krauss Linz	ex ÖBB 999.01 - 05

70 DIE OSTSTEIRISCHE FEISTRITZTALBAHN

Die Oststeiermark gilt als liebliche Urlaubs- und Industrieregion gleichermaßen und hat dem Besucher viel zu bieten, auch was das Angebot mit Dampfzügen betrifft.

Weiz ist der zentrale Mittelpunkt für die normalspurige Strecke Weiz – Gleisdorf mit Anschluss an die Steirische Ostbahn sowie die in Fortsetzung dazu nur schmalspurig ausgeführte Strecke von Weiz nach Birkfeld und weiter nach Ratten. Der erste 23,9 Kilometer lange Teil wurde am 15. Dezember 1911 eröffnet, die Verlängerung bis zum 18 Kilometer entfernten Endpunkt in Ratten erfolgte zum 27. Dezember 1921. Die Strecke war zunächst nur als Schleppbahn ausgeführt und diente lediglich zum Abtransport der geförderten Braunkohle. Die Aufnahme des Personenverkehrs erfolgte nach dem Ausbau der Strecke am 1. Juni 1930. Die Bahnlinie weist gerade im unteren Verlauf zahlreiche Kunstbauten auf. Die Betriebsführung oblag zuerst der Staatsbahn und ging ab dem 1. Juli 1921 an die Steiermärkischen Landesbahnen (StLB) über. 2016 wurde eine weitere Änderung der Eigentumsverhältnisse eingeläutet, nachdem die Landesbahn den Abschnitt Oberfeistritz – Birkfeld bereits der Feistritztalbahn-Betriebsgesellschaft (FTB) übergeben hatte. Der untere Abschnitt zwischen Weiz und Oberfeistritz samt der Werkstättenanlagen wurde an die Betreiber der Museumsbahn übertragen, womit bis 2019 die beliebten Bummelzüge auf der gesamten Strecke verkehren konnten.

Das Eisenbahngeschäft ist mitunter schwierig

Der Betrieb auf der Schmalspurstrecke war seit der Eröffnung von einem Auf und Ab gekennzeichnet. Mit der Schließung des Bergwerkes bei Ratten im Jahre 1961 musste die Bahnlinie einen ersten Tiefpunkt erleben. Der Güterverkehr reduzierte sich um ein Drittel, gleichzeitig wurde der Personenverkehr sukzessive ausgedünnt. Dieser wurde zum 1. September 1969 im Abschnitt Birkfeld – Ratten bzw. mit 2. Juni 1973 auf dem Reststück bis Weiz eingestellt, gefolgt von der Einstellung des Güterverkehrs zwischen Birkfeld und Ratten zum 1. Juli 1980. Der Gleisabtrag erfolgte 1981.

U8 der FTB bei Birkfeld Gschaid.

U.8 erreicht Birkfeld mit Volldampf.

Der restliche Streckenabschnitt stand bis 2014 für den Güterverkehr im unteren Abschnitt für das in Oberfeistritz angesiedelte Talkumwerk zur Verfügung, deren Gleisanschluss 2023 abgetragen wurde, zudem werden von der Feistritztal-Betriebsgesellschaft während der Sommermonate Dampfbummelzüge angeboten. Der Gesellschaft stehen die Dampflokomotiven Kh.101, drei Lokomotiven der Reihe U (7, 8 und 44) sowie die aus Bosnien erworbene 83-180 zur Verfügung. Hinter der Kh.101 versteckt sich eine von drei bei Krauss in Linz gebauten Lokomotiven, von denen zwei zur Landesbahn gelangten und die erste davon für die Vellachtalbahn bestimmt war und mit der neuen Reihenbezeichnung 499 zur ÖBB kam. Die Fünfkuppler-Heißdampfmaschine hat eine Höchstgeschwindigkeit von 30 km/h und erbringt eine Leistung von 300 PS, die drei kleinen Tenderlokomotiven der Reihe U bringen es nur auf eine Leistung von rund 200 PS. Derzeit ist lediglich die U.8 betriebsbereit. Im Zuge des Baus der Umfahrungsstrecke in Weiz wurde 2019 die Bahnhofs- und Werkstätteninfrastruktur der Feistritztalbahn abgerissen und nicht wieder hergestellt. Der Museumsverkehr der Feistritztalbahn findet aktuell nur im Streckenabschnitt zwischen Birkfeld und Rosegg statt, welcher regulär von Anfang Juni bis Ende Oktober angeboten wird. Wie lange sich dieser noch halten wird, ist gegenwärtig unklar. Denn auch hier verfolgt die Lokalpolitik das Ansinnen, die Bahntrasse einer Straßenverbreiterung mit Errichtung eines allfälligen Radweges weichen zu lassen.

www.feistritztalbahn.at

EINGESETZTE DAMPFLOKOMOTIVEN

Lok	Baujahr	Achsfolge	Hersteller	Bemerkung
U.8	1899	C1' n2t	Krauss Linz	ex StLB U.8
Kh.101	1926	E h2t	Krauss Linz	ex StLB Kh.101, abgestellt
83-180	1949	D1 h2	Đuro Đaković	ex JZ 83-180, abgestellt

71 „FLASCHERLZUG" IM WEINPARADIES

Der Höllerhansl, ein Kurpfuscher, ließ in den 1920er-Jahren die Menschen glauben, er könne aus der Farbe des Urins Krankheiten erkennen. Daher fuhren viele Menschen mit entsprechend gefüllten Flaschen mit dem Zug, der der Schmalspurbahn seinen Namen gab.

Die Bahnstrecke des „Flascherlzugs" wurde bereits 1871 im Rahmen der Konzessionserteilung der Wieserbahn an die Graz-Köflacher-Eisenbahn- und Bergbaugesellschaft angedacht, deren Umsetzung aber in einer neuen Konzession im Jahr 1892 als Lokalbahn erfolgte. Die Strecke wurde am 26. November 1892 eröffnet und wurde nach der Schaffung einer direkten Autobuslinie im Jahr 1926 wenige Jahre später stillgelegt. In den 1930er-Jahren wurde auf Drängen der Marktgemeinde Stainz der Güterverkehr wieder aufgenommen, nach dem Krieg zeitweise auch der Personenverkehr.

Die Aufgabe des Lokalbahnverkehrs durch die Steiermärkischen Landesbahnen, die

Flascherlzug mit ehemaliger CFR-Dampflok 764.411R im Bahnhof Weiz.

Leihlok 298.56 vom Club 760 mit Flascherlzugwagen.

Neuordnung der Bahnhofseinfahrt (Wegfall des Vierschienengleises) einschließlich des Baus einer geeigneten Umkehrmöglichkeit in Preding-Wieselsdorf und die Übernahme der gesamten Infrastrukturanlage durch die Marktgemeinde Stainz machte den Weg frei, den „Flascherlzug“ auf neue Beine zu stellen. Für das umfangreiche Nostalgieangebot des „Flascherlzugs“ stehen mehrere Diesellokomotiven sowie die seit dem Jahr 1999 in Rumänien erworbene Waldbahnlok 764.411R mit einem nachträglich angekuppelten Heeresfeldbahn-Tender sowie die seit 2018 von der Steyrtalbahn übernommene 764.007 zur Verfügung. Darüber hinaus wurden und werden auf der Strecke immer wieder Gastlokomotiven eingesetzt. Der „Flascherlzug“ verkehrt in den Monaten April bis Oktober regelmäßig an den Wochenenden sowie am Mittwoch und/oder Donnerstag. Der Dampfbetrieb findet jedoch nur an Sonntagen statt. Des Weiteren fahren Dampfzüge im November und Dezember an Sonn- und Feiertagen. Die Planabfahrten sind entweder um 10:00 Uhr (Donnerstag und Wochenende) bzw. 15:00 Uhr (Mittwoch und Wochenende). Genauere Auskünfte sind auf der Homepage des Betreibers abrufbar.

Zwischenhalt des Flascherlzugs in Kraubath.

www.flascherlzug.at

72 ZWISCHEN WIESEN: DIE MURTALBAHN

Im Murtal entstand gegen Ende des 19. Jahrhunderts als Verlängerung der bereits bestehenden Kronprinz-Rudolf-Bahn die 76,23 Kilometer lange Strecke (Unzmarkt – Mauterndorf, heute Tamsweg) entlang des Oberlaufes der Mur.

Die schmalspurige Murtalbahn schlängelt sich dem Lungau entgegen. Die Errichtung geht auf die Aktiengesellschaft Murtalbahn Unzmarkt – Mauterndorf zurück, die am 7. April 1893 die Konzession für die Errichtung erhielt und die Bahnlinie bereits am 7. Oktober 1894 eröffnete. Bei Betriebsaufnahme wurden mehrere Tenderlokomotiven von Krauss, die als Reihe U bezeichnet wurden, (U = Unzmarkt; U.8 bis U.11) beschafft, denen 1926 die leistungsfähige Kh.101 folgte und die ab 1933 durch Austro-Daimler-Triebwagen teilweise ersetzt wurden. Der Siegeszug der Reihe U fand auf der Murtalbahn seinen Ausgang. Von dieser Type wurden mehrere Dutzend Maschinen gebaut.

Die Bh.1 der Murtalbahn wartet am 22. September 2024 in Murau auf ihren Einsatz.

Jubiläumssonderzug „125 Jahre Murtalbahn" mit Lok Bh.1 unweit von Teufelsbach.

Für den Dampfzugbetrieb im Murtal stehen gegenwärtig nur die U.11 bzw. die Bh.1 zur Verfügung, welche seit 2018 der Steiermarkbahn und Bus GmbH gehört. Letztere kam 1977 über ein Tauschgeschäft mit dem Club 760 zur Landesbahn. Die Züge verkehren während der Sommermonate zwischen Murau und Tamsweg. Die Dampfzüge verkehren in der Regel am Dienstag, Donnerstag und am Sonntag, und zwar während der warmen Jahreszeit von Mitte Juni bis Ende September, also während der österreichischen Schulferien. Die Abfahrt in Murau ist um 10:35 Uhr, nach ca. 110 Minuten Fahrzeit ist der Endpunkt Tamsweg erreicht, wo die Rückreise um 14:10 Uhr angetreten wird und nach knapp 100 Minuten endet. Das früher bunt zusammengewürfelte Design wich in den letzten Jahren einer eleganten, einheitlich stahlblauen Lackierung des Bummelzuges. Die einstige Führung von Vormittags- und Nachmittagszügen wurde aufgegeben, in der Saison 2025 starten die Dampfzüge infolge von Streckenbauarbeiten erst am 22. Juli 2025. Sonderzüge sind jederzeit möglich, im Angebot sind auch Amateurlokfahrten bzw. diverse Themenzüge. Das jeweils aktuelle Zugangebot ist auch auf der Homepage des Betreibers laufend abrufbar.

www.steiermarkbahn.at

EINGESETZTE DAMPFLOKOMOTIVEN

Lok	Baujahr	Achsfolge	Hersteller	Bemerkung
Bh.1	1905	C1 h2t	Krauss Linz	ex ÖBB 398.01
U.11	1894	C1' n2t	Krauss Linz	ex StLB U.11

73 DIE TAURACHBAHN: DAMPF IM LUNGAU

Der Club 760 – Verein der Freunde der Murtalbahn kümmert sich zum einen um die Murtalbahn. Er hat aber auch zum Ziel, die Taurachbahn zwischen Tamsweg und Mauterndorf zu erhalten.

Das reguläre Zugangebot im Streckenabschnitt Tamsweg – Mauterndorf wurde nur mäßig angenommen. Der planmäßige Personenverkehr ist seit dem 31. März 1973 eingestellt und mit 1. September 1981 erfolgte die Einstellung des Gesamtverkehres. Um die Strecke zu retten, gründete der Club 760 die Taurachbahn GmbH. Die neue Betreibergesellschaft pachtet die Strecke seit dem 1. April 1982 und führt nach Sanierungsarbeiten darauf den Museumsbetrieb zwischen Mauterndorf und der neu errichteten Haltestelle St. Andrä-Andlwirt durch. Betrieblich gesehen ist diese Haltestelle durchaus interessant, denn nach dem Aussteigen der Fahrgäste fährt der Nostalgiezug bis zur einseitigen Ausweiche am Ortsende. Die Dampflok wird abgehängt und fährt in das Ausweichgleis. Die Wagengarnitur rollt talwärts bis kurz nach dieser Weichenverbindung, wo sich die Dampflok an das andere Zugende setzt.

Große Anzahl an Lokomotiven

Der Fuhrpark der Taurachbahn ist beachtlich, folgende Dampflokomotiven sind zurzeit betriebsfähig: Die 298.56 „Mariapfarr“ als Vertreterin der Reihe U, die 1982 von der stillgelegten Steyrtalbahn übernommen wurde und seit Juli 1989 nach erfolgter Hauptuntersuchung eingesetzt wird. Die weinrot lackierte 699.01 „Lungau“ ist die zweitstärkste Lokomotive und verblieb als Heeresfeldbahn-Lokomotive der Deutschen Wehrmacht nach dem Zweiten Weltkrieg in Österreich. Die

Einsatz der Giganten, SKGLB 22 vor 699.01 mit Sonderzug unweit von Mauterndorf.

SKGLB 22 nach dem Umsetzen in St. Andrä.

Lok war auf verschiedenen ÖBB-Strecken im Einsatz und befindet sich seit 1973 im Eigentum des Clubs, zehn Jahre später kam sie nach Mauterndorf. Die SKGLB 12 ist eine Tenderlokomotive der früheren Salzkammergut-Lokalbahn, zehn Loks dieser Type waren gebaut worden. Nachdem die SKGLB 12 den letzten Personenzug von Salzburg nach Gilgen zog, wurde sie 1958 von der Landesbahn gekauft und zunächst auf der Feistritztalbahn eingesetzt. 2003 kam sie nach verschiedenen Stationen wieder in den Lungau. Die Lok 6 der Steiermärkischen Landesbahnen (StLB) gehörte zur Grundausstattung der Strecke Kapfenberg – Seebach – Au/Seewiesen (Thörlerbahn) und gehört seit dem Jahr 1972 zur Fahrzeugsammlung des Club 760. Sie ist seit Pfingsten 1995 wieder einsatzfähig. Die neueste Errungenschaft stellt die frühere SKGLB 22 und spätere Lok 4^{II} der Zillertalbahn bzw. die „Aquarius C" dar. Der Club 760 hat die Lok im Jahr 2016 erworben und setzt diese zu besonderen Anlässen ein. Sie ist seither die leistungsstärkste Maschine.

Für die Bummelzüge an den Wochenenden wird eine dieser Dampfloks eingesetzt. Die Betriebssaison beginnt ca. Mitte Juni und endet Ende September, wobei in der Vor- (Juni) und Nachsaison (September) nur der Nachmittagszug gefahren wird. In der Hochsaison (Juli und August) verkehren vor- und nachmittags die Bummelzüge. Das „Volldampfwochenende" findet am vorletzten Juli-Wochenende statt. Es wird allerdings 2025 wohl nur ein eingeschränktes Programm geben. Neu im Angebot sind an diesem Wochenende auch die selten durchgehend geführten Züge von Mauterndorf nach Murau.

www.club760.at

EINGESETZTE DAMPFLOKOMOTIVEN

Lok	Baujahr	Achsfolge	Hersteller	Bemerkung
SKGLB 12	1906	C1' n2t	Krauss Linz	
StLB 6	1893	C h2t	Krauss Linz	„Thörl"
298.56 „Mariapfarr"	1900	C1' n2t	Floridsdorf	ex ÖBB 298.56
SKGLB 22	1939	E n2	Borsig	ex HF 191, ex SKGLB, ex ZB 4", ex Aquarius C
699.01 „Lungau"	1944	D h2	Franco Belge	ex KDL 11/ex ÖBB 699.01

74 ÖSTERREICHS ÄLTESTE: DIE GURKTALBAHN

Im südlichen Bundesland Kärnten entstanden gegen Ende des 19. Jahrhunderts zwei bedeutende Schmalspurbahnen in der bosnischen Spurweite: die Vellachtalbahn und die Gurktalbahn. Die Vellachtalbahn von Kühnsdorf nach Eisenkappel wurde 1971 eingestellt. Besser erging es der Gurktalbahn.

Für den Erhalt der Strecke war der im Jahr 1969 gegründete Verein der Kärntner Eisenbahnfreunde maßgeblich verantwortlich, indem das noch existierende Streckenstück für die Nachwelt gerettet und darauf ab dem 1. Juni 1974 der erste Museumsbetrieb Österreichs aufgezogen wurde. Die Museumsbahn befindet sich einige Kilometer südlich der Burgenstadt Friesach und ist in ihrer technischen Eigenart bedeutend und durch drei Besonderheiten geprägt: Sie ist mit 3,3 Kilometern Länge die kürzeste Museumsbahn in Österreich, sie befährt seit 1992 auf einem kurzen Stück ein Dreischienengleis, und ihr betriebliches Zentrum liegt nicht am einstigen Ausgangspunkt im Bahnhof Treibach-Althofen, sondern am anderen Streckenende, dem früheren Haltepunkt Pöckstein-Zwischenwässern. In dem zweiständigen Heizhaus sind bis zu vier Dampflokomotiven untergebracht.

Wieder einmal Stern & Hafferl

Die Firma Stern & Hafferl erhielt im Dezember 1897 den Auftrag zur einst 28,9 Kilometer langen Strecke, wiewohl sich die Gurktalbahn AG erst am 10. Mai 1898 formierte, und die Strecke am 9. Oktober selben Jahres eingeweiht wurde. Am 1. Januar 1932 erfolgte die Verstaatlichung, von der BBÖ ging es über die Deutsche Reichsbahn zur ÖBB. Das Auto wurde zur Konkurrenz der früheren Lokalbahn, sodass nach der Entgleisung eines Personenzuges am 5. Juni 1968 die Stilllegungsbestrebungen forciert wurden. Es folgte die Einstellung des Personenverkehrs im Gurktal und die Abtragung der Anlagen zwischen Klein Glödnitz und Gurk. Endgültig Schluss war 1972.

Bei Betriebsbeginn 1898 wurden drei Dampflokomotiven von Krauss in Linz beschafft. Diese eigens beschafften Tenderlokomotiven wurden als Reihe T (T = Treibach-Althofen, ÖBB-Reihe 198) geführt. Diesellokomotiven (ÖBB-Reihe 2091) kamen ab 1940 dorthin und waren bis zur Einstellung im

Waldausfahrt mit 699.01 der GTB.

Ankunft der Lok Böhler 13 mit drei Wagerln im Bahnhof Treibach-Althofen.

Einsatz. Während der ÖBB-Ära waren auf der Gurktalbahn auch Lokomotiven der Reihe U (298), der Steyrtalbahn-Reihe 298.100 und die Reihe 199 anzutreffen. Die heutige Museumsbahn steht im Eigentum des Vereines, welcher eine beachtliche Fahrzeugsammlung mit teilweise historischem Bezug besitzt, er nennt u. a. acht Dampflokomotiven sein Eigen. Einige davon sowie alle Personen- und Güterwagen wurden von den ÖBB übernommen. Die Tabelle weist eine Vielzahl an Lokomotiven auf, betriebsfähig sind aber nur mehr die 699.101 und 898.01. Die Betriebssaison 2025 wird vom 6. Juli bis 7. September 2025 laufen. Der Museumsbetrieb findet nur mehr sonntags mit den Abfahrten um 11:40 Uhr, 13:40 Uhr und 15:40 Uhr von Pöckstein-Zwischenwässern statt. Der bisher beliebte „Dampftag" wird wegen Personalmangels nicht mehr angeboten. Abschließend sei erwähnt, dass die Gurktalbahn die einzige Museumsbahn in Österreich ist, die ihre Dampflokomotiven mit Holz beheizt und zudem ihre Loks abwechselnd eingesetzt werden.

www.gurkthalbahn.at

EINGESETZTE DAMPFLOKOMOTIVEN

Lok	Baujahr	Achsfolge	Hersteller	Bemerkung
699.101	1944	D h2t	Franco Belge	ex ÖBB 699.101
898.01	1941	C n2t	Henschel	ex ÖBB 898.01
Christ	1916	B n2t	Hanomag	ex VEW Judenburg, abgestellt
Böhler 13	1941	B n2t	Krauss München	ex Böhlerwerk, abgestellt

75 ROSENTALER NOSTALGIEZÜGE

Der Rosentaler Nostalgiezug ist ein Teil eines in Südkärnten besonders etablierten Ausflugs- und Kulturangebotes, wofür sich der seit 1990 existierende Verein Nostalgiebahnen in Kärnten (NBiK) verantwortlich zeigt.

Das touristische Angebot beschränkt sich nicht allein auf die Nostalgiezüge zwischen Weizelsdorf und Ferlach, als weiteres Highlight bzw. als Rahmenprogramm zum Nostalgiezug bietet es sich an, in einen der zahlreich verkehrenden Oldtimerbusse in Ferlach oder in die Straßenbahnlinie zwischen Ferlach und dem äußerst besuchenswerten Technikmuseum Historama einzusteigen. Auf mehr als 4700 Quadratmetern werden zahlreiche technikgeschichtliche Exponate zum Thema Eisenbahn, Straßen- und Flugverkehr sowie industrielle Sammelstücke präsentiert. Neben dem „Rosentaler" bietet der Verein weitere Sonderzugleistungen mit eigenem Rollmaterial vor Ort an. Für diese Fahrten stehen vereinseigene Fahrzeuge wie die 93.1332 zur Verfügung. Die Fahrten werden auf einer früheren Stichbahn für die hiesige Stahlindustrie abgewickelt, die in einem halben Jahr ab dem 1. Juni 1906 errichtet wurde. Der planmäßige Personenzugverkehr wurde mit 5. Dezember 1906 auf der gut sechs Kilometer langen Strecke aufgenommen, die von der KkStB betrieben wurde.

Heizhaus aus der Gründerzeit

Es standen zunächst Dampflokomotiven der Reihe 88 sowie verschiedene Wagen zur Verfügung, im weiteren Verlauf der Betriebs-

Ein Fotogüterzug mit NBiK 93.1332 verlässt den Bahnhof Weizelsdorf im Rosental.

Ankunft in Ferlach: 88.103 + 93.1332.

geschichte kamen auch größere Dampfloktypen der Reihen 59, 178, 29, 229, 378, 360, 57 und 86 sowie 52 zum Einsatz und wurden danach durch die ÖBB-Diesellokreihe 2043 abgelöst. Der Verkehr endete 1997, nachdem die ÖBB die Bedienung mit Güterzügen einstellte. An den Wochenenden etablierte sich der Rosentaler Nostalgiezug. Das Herzstück des Betriebs geht auf das aus der Gründerzeit stammende Heizhaus am Bahnhof Weizelsdorf zurück, das Platz für die beiden Dampflokomotiven bietet. Allerdings befindet sich dieser Bahnhof in der Ortschaft Kappel an der Drau. Als erste ist die 93.1332 – eine 700 PS starke 1'D1'-Tenderlokomotive mit Zweizylinder-Heißdampftriebwerk – zu nennen. Die gesamte Serie wurde zwischen 1927 und 1931 von den BBÖ als 378.01 bis 167 beschafft und etablierte sich als die Nebenbahnlokomotive schlechthin. Die 93.1332 ist für das ÖBB-Streckennetz zugelassen. Als zweite betriebsfähige Dampflokomotive ist die 88.103 als Stammlokomotive zu nennen, die schon durch den sehr hochliegenden Kessel und die gedrungene Bauform auffällt. Die Lok hat eine Leistung von 250 PS und befördert die Dampfzüge mit 40 km/h. Der Verein kaufte die Lok 1991 von der ÖGEG. Seit 1994 ist die eigenwillige Konstruktion, die der Kriegsbauart KDL 8 entspricht, im regelmäßigen Einsatz zu sehen. Der Fahrbetrieb erstreckt sich auf Samstage und Sonntage während der Schulferien in Österreich, das heißt in der Regel von Anfang Juli bis Mitte September. Die beiden angebotenen Zugpaare verlassen den Bahnhof Weizelsdorf mit den Abfahrtszeiten um 11:00 Uhr und 14:00 Uhr, wobei auf der Hinfahrt für die Reisenden an der eigens geschaffenen Haltestelle Carnica eine Foto- und Scheinanfahrt angeboten wird. Darüber hinaus verkehren noch eigene Nikolauszüge im November bzw. Sonderzüge zu Ostern. Abschließend sei noch die Dampfstraßenbahnlok „Adele" aus dem Jahr 1888 erwähnt. Diese ist in Ferlach hinterstellt. Ihr Einsatz ist auf wenige Fahrtage beschränkt, und es ist möglich, sie für private Fahrten anzumieten.

www.nostalgiebahn.at

EINGESETZTE DAMPFLOKOMOTIVEN

Lok	Baujahr	Achsfolge	Hersteller	Bemerkung
ADELE	1888	B	MF Budapest	ex Budapester Lokalbahn Nr. 5
88.103	1941	B n2t	WLF	ex Stahlwerk Ternitz SBS 03
93.1332	1927	1'D1' h2t	Floridsdorf	ex ÖBB 93.1332

76 WALDVIERTEL: DAMPF RUND UM ZWETTL

Der Museums-Lokalbahnverein Zwettl, bekannt auch als Martinsberger Lokalbahnverein (MLV), wurde 1988 mit dem Ziel gegründet, die Zwettler Lokalbahn (Schwarzenau – Zwettl – Martinsberg-Gutenbrunn) in ihrem Umfeld zu erhalten und Sonderzüge mit historischen Lokomotiven und Wagen zu führen. Des Weiteren war zum Zeitpunkt der Gründung geplant, ein Museum zu schaffen, welches seit dem 11. Mai 2022 besteht und während der Sommermonate geöffnet ist.

Die Unterbringung der Vereinsfahrzeuge erfolgte sowohl in den Heizhausarealen von Martinsberg-Gutenbrunn und Zwettl. Nach der Stilllegung des südlichen Streckenabschnittes zwischen Waldhausen und dem Endpunkt wurden die Fahrzeuge nach Zwettl verlegt. Die Personenwagen bestehen hauptsächlich aus zweiachsigen Spantenwagen der ÖBB, welche in den 1950er-Jahren durch Umbauten entstanden sind. Der Wagenpark besteht aus insgesamt acht dieser Spantenwagen, einem Fahrradwagen und ei-

Die Dampfzüge des MLV bestehen aus der 92.2271 und den Spantenwagen.

Jubiläumssonderzug der Lokalbahn nach Zwettl: MLV 92.2271 vor 2050.09 bei Gerotten.

nem Güterwagen. Für den Museumsverkehr steht dem Verein die 92.2271 als betriebsfähige Lokomotive zur Verfügung, Der Verein erwarb im Jahr 2001 die 93.1434 als ebenfalls klassische Vertreterin einer Lokalbahnlokomotive. Allerdings fehlt dem Verein das erforderliche Geld für die betriebsfähige Renovierung. Im Bestand finden sich noch vier kleine Verschubdiesellokomotiven, von denen drei aus Jenbach stammen.

Der MLV bietet mehrmals im Jahr verschiedene Dampfsonderfahrten an, wobei die historischen Fahrzeuge auch schon bei externen Streckenjubiläen zu sehen waren. Der Saisonsauftakt beginnt mit den Osterdampfzügen, bei denen viermal zwischen Zwettl und Waldhausen gefahren wird. Im Frühjahr (Mai), Sommer (Juni und August) und im September verkehren immer wieder zu besonderen Anlässen mehrere Dampfzüge entweder nördlich oder südlich von Zwettl. Als Fixpunkte im jährlichen Fahrtenprogramm gelten der Nationalfeiertag (26. Oktober) sowie die Adventbummelzüge zu Nikolaus & Krampus. Der Verein veröffentlicht alle Sonderfahrten bzw. das Jahresprogramm auf seiner Homepage, dort sind auch die aktuellen Fahrzeiten zu erfahren.

www.lokalbahnverein.at

EINGESETZTE DAMPFLOKOMOTIVEN

Lok	**Baujahr**	**Achsfolge**	**Hersteller**	**Bemerkung**
92.2272	1919	D n2t	Krauss/Linz	ex B&B, ex ÖBB
93.1434	1928	1'D1' n2h	Wiener Neustadt	ex ÖBB 93.1434

77 MUSEUMSBAHN TIMELKAM – AMPFLWANG

Die Österreichische Gesellschaft für Eisenbahngeschichte (ÖGEG) entstand im Jahre 1974, als bei den ÖBB absehbar war, dass die Dampftraktion dem Ende entgegen ging. Zunächst wurde ein Verein gegründet, der das Ziel hatte, eine Dampflok der Reihe 78 zu retten und instandzusetzen. Der technische Zustand des begehrten Objekts machte eine Hauptausbesserung erforderlich.

Die ÖGEG konnte in den Jahren 1978 und 1979 zwei weitere Dampflokomotiven kaufen, und zwar die 93.1455 und die 52.3316. Diese waren betriebsfähig und standen sofort für Sonderfahrten zur Verfügung. Der Dampflokpark der ÖGEG wurde daraufhin von Jahr zu Jahr durch die Rettung weiterer Lokomotiven ständig größer. Es gesellten sich auch historisch besonders interessante Stücke (52.1198, 52.3517 und 392.2530) dazu. Daneben hat der Verein damals einige zwei- und vierachsige Personenwagen erwerben können, die epochenmäßig zu den Dampfloks passten. Die Fertigstellung der

Dampfzubringerzug mit 657.2770 am 20. September 2020 unweit von Ampflwang.

Anreise des NBiK-Sonderzuges mit ET 4042.01 und Vorspannlok 392.2530.

78.618 verzögerte sich infolge der Instandhaltungsarbeiten an den betriebsfähigen Lokomotiven bis ins Jahr 1986. Ein Jahr zuvor wurde der ÖGEG-Fuhrpark um eine weitere Attraktion ergänzt, indem von den Rumänischen Staatsbahnen die 142.063 gekauft wurde. Es handelt sich hierbei um einen Lizenzbau der früheren österreichischen Schlepptender-Schnellzuglok der Reihe 214 der BBÖ bzw. Reihe 12 der ÖBB.

Im Jahr 1996 ist der ÖGEG ein besonderer Coup gelungen, indem nach mehrjährigen Verhandlungen die frühere Kohlenbahn Ampflwang – Timelkam samt den dazugehörigen Anlagen erworben wurde, wo die Entstehung eines Eisenbahnmuseums geplant war. Zum 25-jährigen Jubiläum wurden außerdem weitere Dampfloks in den Museumspark übernommen, und zwar je eine Lok der preuß. Bauart P8 und G 10. Beide Typen waren früher auch in Österreich im Einsatz, erworben wurden die Loks wiederum in Rumänien. Es handelt sich hierbei um CFR-Lizenzbauten.

Im neuen Jahrtausend wurde die neue Museumsbahn in Betrieb genommen, währenddessen die ÖGEG-Fahrzeuge auch auf den Strecken der Salzburger Lokalbahn oder der Linzer Lokalbahn zu sehen waren. Zugleich zeichneten sich schon die Pläne für das neue Eisenbahnmuseum in Ampflwang ab. Das große Areal wurde im Rahmen einer Landesausstellung „Kohle und Dampf“ im Bundesland Oberösterreich im Mai 2006 feierlich eingeweiht.

Die ÖGEG-Museumsbahn Ampflwang – Timelkam kann auf eine interessante Geschichte zurückblicken. Für den Abtransport von Kohle wurde 1921 eine 11,5 km lange 600-mm-Schmalspurbahn, die bereits 1924/25 aus Kapazitätsgründen auf Normalspur umgebaut wurde, errichtet. Im Zusammenhang mit dem ebenfalls in diesen Jahren erfolgten Bau des kalorischen Kraftwerks Timelkam entstand neben diesem Bahnhof eine Schleppgleisanlage. Den Betrieb führte die Wolfsegg-Traunthaler-Kohlenwerke AG (WTK). Bereits kurze Zeit nach der Betriebseröffnung wurden bis zu 160 Waggonladungen von Ampflwang abtransportiert, daneben war auf der Werkbahn für die Bedürfnisse des Bergwerks auch ein beschränkter Güterverkehr zugelassen worden. Ab 1943 war auch ein beschränkt öffentlicher Personenverkehr möglich. Es verkehrten lange Zeit durchschnittlich sechs Zugpaare. Am 30. Juni 1966 endete der Personenverkehr auf dieser Strecke. Die Kohlevorräte waren schließlich bis Ende der 1980er fast vollkommen abgebaut, sodass die Kohleförderung und in Folge der Bahnbetrieb eingestellt waren. Noch während des Betriebes durch die WTK konnte die ÖGEG mehrmals Sonderzüge auf dieser Bahnstrecke durchführen. Dabei suchten die Aktiven des Vereins schon lange nach einem geeigneten Standort für die immer größer werdende Fahrzeugsammlung im Normalspursektor, welche vielfach in der früheren ÖBB-Hauptwerkstätte Linz eine vorläufige Bleibe fanden.

Mit dem Erwerb der Anlagen im Jahr 1996 waren die Voraussetzungen zur Schaffung eines Eisenbahnmuseums geschaffen. Die Länge der heutigen Museumsbahn beträgt rund elf Kilometer in Regelspur. Die Strecke beginnt im ÖBB-Bahnhof Timelkam und führt in einer langgezogenen Rechtskurve vorbei am kalorischen Kraftwerk und quert anschließend den Fluss Ager, ehe sie nach einer Linkskurve in einer Walddurchfahrt die Fahrrichtung Norden einschlägt, die sie bis zum Bahnhof Ampflwang beibehält. Ungefähr in der Mitte der Strecke, bei Kilometer 5,3, befindet sich die Betriebsausweiche Puchkirchen. Die Museumsbahn dient nicht nur als Verbindungsstrecke zwischen den Anlagen, sondern wird in der Museumssaison auch für diverse Sonderfahrten herangezogen. Die ÖGEG setzt dabei Museumszüge mit Dampf- und Dieseltraktion ein. Der Museumsbetrieb erstreckt sich von ca. Mitte April bis Anfang Oktober, zusätzlich werden auch Nikolauszüge angeboten. Es verkehren drei Zugpaare. Ampflwang wird um 09:00 Uhr, 12:45 Uhr und 16:30 Uhr verlassen, die Retourfahrten ab Timelkam finden um 10:00 Uhr, 14:00 Uhr und 17:30 Uhr statt. Der genaue Jahresfahrplan ist auf der Homepage der ÖGEG ersichtlich.

www.oegeg.at

EINGESETZTE DAMPFLOKOMOTIVEN

Lok	Baujahr	Achsfolge	Hersteller	Bemerkung
77.28	1921	2'C1' h2t	Krauss/Linz	ex ÖBB 77.28
78.618	1938	2'C2' h2t	Floridsdorf	ex ÖBB 78.618
392.2530	1927	D h2t	Wiener Neustadt	ex ÖBB 392.2530, WTK WL 4
638.1301	1936	2'C h2	Resita/Rumänien	ex CFR 230.301
657.2770	1929	E h2	Malaxa, Bukarest	ex CFR 50.770
01.533	1934	2'C1' h2	Krupp	

78 EINMAL DURCH DEN PRATER: LILIPUTBAHN

Der Wiener Prater ist im Zweiten Wiener Gemeindebezirk ein sehr weitläufiges, rund 6 km² großes Erholungsgebiet inmitten der Stadt. Das Pratergelände ist großteils öffentlich und war eine Aulandschaft von der im Nahbereich befindlichen Donau. Heute versteht man unter dem Prater einen Vergnügungspark, den sog. Wurstelprater. Dieses Areal ist an der nordwestlichen Spitze angesiedelt und es beginnt unweit des Pratersterns bzw. des ÖBB-Bahnhofs Wien-Praterstern, erkennbar am Riesenrad.

Die Liliputbahn im Wiener Prater mit einer Spurweite von 381 mm wurde im Jahr 1927 errichtet und am 1. Mai 1928 eröffnet. Die Liliputbahn erstreckt sich auf rund fünf Kilometer Strecke und führt durch das Gebiet des sog. Wurstelpraters und durch schöne Aulandschaften. Die ursprüngliche Streckenführung begann vor dem Riesenrad durch Wiesen und Waldstücke bis zur Rotunde, im Jahr 1933 wurde sie um ca. 2,5 Kilometer bis zum Praterstadion verlängert.

Seltener Einsatz von zwei Liliput-Loks im Wiener Prater zu besonderen Anlässen.

Eine Dampflok der Wiener Liliputbahn bespannt einen Personenzug durch den Prater.

Für den Betrieb wurden zwei Dampflokomotiven von der Firma Krauss & Co in München beschafft. Die beiden Dampfloks mit den Nummern D 1 und D 2 entsprechen der Martens'schen Einheitsliliputlok, deren Achsfolge 2'C1' h2 lautet. Die beiden Loks haben eine Länge von 7,43 Metern und eine Höhe von 1,4 Metern. Bei einer Breite von einem Meter findet der Lokführer ausreichend Platz hinter dem Führerhaus. Die Maschinen haben einen gesamten Achsstand von 3,515 m und eine Dienstmasse mit Tender von 8,1 Tonnen. Die Höchstgeschwindigkeit liegt bei 30 km/h.

Der Betrieb beginnt je nach Witterung Anfang bis Mitte März und endet mit Ablauf des Oktobers. Die Liliputbahn wird nur bei Schönwetter zwischen 10:00 Uhr und 18:00 Uhr betrieben, wobei im Hochsommer das Betriebsende sogar bis 20:00 Uhr verlängert werden kann. Der genaue Fahrplan ist an der Hauptkasse der Liliputbahn sowie im Internet ersichtlich.

www.liliswelt.at/portfolio/liliputbahn

EINGESETZTE DAMPFLOKOMOTIVEN

Lok	Baujahr	Achsfolge	Hersteller	Bemerkung
Da 1 „Brigitte“	1928	2'C1' h2	Krauss	
Da 2 „Grete“	1928	2'C1' h2	Krauss	
Da 3	1928	2'C1' h2	Krauss	1961/62 Umbau in Diesellok

79 FELD- UND INDUSTRIE-BAHNMUSEUM FREILAND

Das Feld- und Industriebahnmuseum Freiland (FIM) wurde im Dezember 1965 als Verein gegründet. Eine Lokomotive und sieben Wagen waren zu diesem Zeitpunkt bereits vorhanden.

In den 1960er-Jahren gab es von privater Seite her nur wenige Bemühungen, Schienenfahrzeuge museal zu erhalten, scheiterten diese Vorhaben doch bald an unzulänglichen finanziellen Mitteln oder an der Möglichkeit, solche Fahrzeuge entsprechend zu hinterstellen. Das FIM war der erste Verein in Österreich, der statutengemäß ausschließlich mit dem Er-

Übliche Zuggarnitur im Rahmen der Vorführfahrten mit O&K-Lok in Freiland.

werb und Erhalt von Eisenbahnmaterial, wie Loks, Wagen und Gleisen begonnen hatte.

Der ursprüngliche Standort war im 13. Wiener Gemeindebezirk in der Spohrstraße und wurde zugunsten des jetzigen in Freiland aufgegeben. Fahrzeuge, Schienenmaterial und Werkstatteinrichtungen wurden im Herbst 1983 zum neuen Standort in den Voralpen übersiedelt, und man hat dort mit dem Aufbau einer Gleisanlage und mit der Neueinrichtung der Werkstatt begonnen. Heute bietet das Museum einen repräsentativen Überblick über die Entwicklung des Feld- und Industriebahnwesens (schmalspurige Eisenbahnen als vielfach innerbetriebliche Transportmittel in fast allen Wirtschaftszweigen: Bergbau, Industrie, Gewerbe, Bauwesen, Land- und Forstwirtschaft) vom ausgehenden 19. Jahrhundert bis in die Gegenwart. Das Museum ist bemüht, diesen speziellen Zweig des Eisenbahnwesens, der eng mit der industriellen Entwicklung dieser Zeit verbunden ist, in seiner Vielfalt der Nachwelt zu erhalten und – nach finanziellen und personellen Möglichkeiten – auch im Betrieb vorzuführen.

Die Sammlung besteht aus mehr als 50 – zum Teil betriebsfähigen – Lokomotiven und 181 verschiedenen Wagen (meist mit einer Spurweite von 600 mm). Die Gleisanlagen im Freigelände sind in verschiedenen Oberbauformen errichtet. Darauf finden mehrmals im Jahr Vorführungen von typischen Feldbahnzügen statt. Abgerundet wird die Sammlung durch Ausstellungsstücke, Bilder und Dioramen.

Heizerseite der O&K-Lok.

Das Feldbahn- und Industriebahnmuseum ist nur während der Sommermonate einmal im Monat an Sonntagen geöffnet. Der Vorführbetrieb findet zwischen Mitte Mai und ca. Mitte September in der Zeit von 10:00 Uhr bis 16:00 Uhr statt.

www.feldbahn.at

EINGESETZTE DAMPFLOKOMOTIVEN

Lok	Baujahr	Achsfolge	Hersteller	Bemerkung
Lok 366	1899	B n2t	O & K	Lok wurde nach Budapest geliefert

DFB
704

SCHWEIZ

Lok 704 der Dampfbahn Furka Bergstrecke steht am 20. August 2021 abfahrbereit im Bahnhof Gletsch.

80 SCHINZNACHER BAUMSCHULBAHN

Unter allen Schmalspurbahnen in der Eidgenossenschaft stellt die Baumschulbahn in Schinznach eine absolute Besonderheit dar. Sie ist ein perfektes Familienausflugsziel mit angeschlossenem Gastronomiebetrieb und Kinderspielplatz.

Sie ist die einzige Schweizer Ausflugsbahn mit lediglich 600 mm Spurweite, die mit Dampfloks befahren wird. Die drei Kilometer lange Baumschulbahn mit den beiden Bahnhöfen verläuft quer durch den Baumschulpark mit seiner Gesamtfläche von 25.000 Quadratmetern. Im frei zugänglichen Park sind mehr als zwölf Kilometer Wanderwege angelegt, die von der Schmalspurbahn gekreuzt werden. Der Betrieb wird durch den Verein Schinznacher Baumschulbahn abgewickelt.

Das Ziel des Vereins ist es, den Betrieb und den Unterhalt dieser für die Schweiz so einzigartigen Kleinbahn sicherzustellen. Die Tätigkeiten des Vereins finden ehrenamtlich statt und dienen auch dazu, sämtliche Fahrzeuge durch gründliche Revisionen, fachmännische Betreuung und Pflege für den dauerhaften Betrieb zu erhalten und sich den sonstigen Anlagen wie Signalen, Stellwerk und dergleichen zu widmen. Hierfür steht dem Verein eine eigene, gut ausgestattete Betriebswerkstätte als Anbau zu den Firmenräumen des Eigentümers bereit, wo auch der Fuhrpark in einer mehrständigen „Garage" sicher abgestellt wird.

Der Fahrzeugbestand setzt sich aus neun Dampf- sowie sieben Diesellokomotiven und 14 Personen- sowie zwei Güterwagen zusammen. Absolut sehenswert sind in jedem Fall die Dampfloks, die allesamt Namen tragen. Da zum Zeitpunkt der Gründung der Baumschulbahn die wenigen in der Schweiz erhaltenen Feldbahnloks in festen Händen waren, ist der Fahrzeugpark sehr international und vielfältig ausgestaltet. Aus der DDR gelangte die Brigadelok „Taxus" und aus dem norddeutschen Schleswig die „Pinus" nach Schinznach. Die Schlepptenderlok „Sequoia" war früher unter der Nummer Ty 3-194 bei der polnischen Staatseisenbahn (PKP) zuhause. „Molly" und „Emma" repräsentieren die schweizerischen Feldbahnen. Ihre jeweils ersten Einsatzorte liegen nicht weit von Schinznach entfernt. Als letzte Bereicherung des Betriebsparks darf die Dampftramwaylok „Lukas" genannt werden. Dieser in Schinznach entstandene Nachbau einer einst weit verbreiteten Bauart dürfte heute weltweit die letzte Dampftramwaylok auf 600 mm Spurweite sein. Aktuell ist eine zweite Brigadelok in Aufarbeitung. Ihr Erscheinungsbild wird dem Ablieferungszustand angenähert. Die aus Spanien stammende „Antracita" und eine weitere Brigadelok warten noch auf ihre Aufarbeitung.

Der Betrieb der Baumschulbahn beschränkt sich auf die warme Sommerzeit zwischen ungefähr Mitte April bis Mitte Oktober. Der Fahrbetrieb findet am Wochenende (Sams- und Sonntag) in der Zeit zwischen 13:00 Uhr und 17:00 Uhr im Halb-Stunden-

Dampflok „Molly" mit Personenwagen im Areal der Baumschulbahn Schinznach.

takt (sonntags erst ab 13:30 Uhr) statt, wobei der Betrieb am Oster- und Pfingstsonntag sowie am eidgenössischen Buß- und Bettag eingestellt bleibt. Der Fahrbetrieb an den Wochenenden wird in der Regel mit einer der Dampflokomotiven ausgeführt, währenddessen die am Mittwoch angebotenen Dieselzüge je nach Bedarf am Nachmittag verkehren.

www.schbb.ch

EINGESETZTE DAMPFLOKOMOTIVEN

Lok	Baujahr	Achsfolge	Hersteller	Bemerkung
TAXUS	1917	D n2t	Krauss München	ex DR 99.3311
LUKAS	1918	B n2t	O & K	Tramwaylok
PINUS	1937	B n2t	Henschel	ex Kies- und Schotterwerke Nordmark
SEQUOIA	1944	C n2	MBA Babelsberg	ex PKP Ty 3-194
EMMA	1925	B n2t	J. A. Maffei	ex Bauzuglok EMS-Chemie
MOLLY	1944	B n2t	SLM	Leihgabe Schuljugend Turgi

81 ROSA-DAMPFZUG: ÜBER DEM BODENSEE

Am Südufer des schönen Bodensees befindet sich die Zahnradbahn Rorschach – Heiden (RHB), die seit 2006 ein Teilbetrieb der Appenzellerbahn (AB) ist. Die Bahn bringt die Fahrgäste 400 Meter über den See nach oben.

Der Bau der Stichbahn nach Heiden geht auf die 1870er-Jahre zurück. Da die ursprüngliche Ausführung als 14 Kilometer lange Adhäsionsstrecke finanziell nicht tragbar war, wurde das Projekt unter Hinzuziehung von Niklaus Riggenbach in eine kombinierte Strecke mit Adhäsions- und Zahnradbahn nach seinem System verwirklicht. Der Bau wurde 1874 begonnen, nach Verzögerungen fand im September 1875 die Eröffnung statt. Die Streckenlänge der RHB beträgt an die 5,6 Kilometer, wobei die ersten Meter sowie der weitere Abschnitt auf dem SBB-Gleis ohne Zahnradantrieb bewältigt werden. Die gesamte Fahrtlänge beträgt 7,1 Kilometer. Für den Betrieb der Bahnlinie in der landschaftlich reizvollen Bodenseeregion wurden Dampflokomotiven beschafft. 1907 wurde erstmals die Elektrifizierung der Strecke angeregt, ab 1930 wurde die Bahnlinie mit dem SBB-Fahrleitungssystem mit 15 kV/16,7 Hz Wechselstrom elektrifiziert.

Lok H 2/2 3 im Zahnstangenabschnitt.

Um in der von Tourismus und Landwirtschaft geprägten Region weiterhin einen Dampfbetrieb am Leben zu erhalten und einen solchen speziell in der Ostschweiz zumindest saisonal anzubieten, trat der Verein Eurovapor aus Sulgen auf den Plan. Der Verein wurde 1962 in Basel gegründet und macht sich zum Ziel, vom Abbau bedrohte Bahnstrecken, die Dampftraktion, deren Dokumentationen und die mögliche Erhaltung zu fördern. So sammelt der Verein verschiedenartigste Fahrzeuge, die laufend bei Sonderfahrten im In- und Ausland eingesetzt werden, und engagiert sich bei musealen Dampfbetrieben.

Die Rorschach-Heiden-Bahn wird von der Lokremise Sulgen aus betreut. Dort befindet sich die Dampflok Nr. 3 „Rosa". Die Eh 2/2 „Rosa" wurde 1951 von der Schweizerischen Lokomotiv- und Maschinenfabrik (SLM) als letzte Dampflok für die Industrie an die Maschinenfabrik Ruti AG geliefert. Die Lok wurde dort auf einer 1.000 Meter langen Rampe mit dem Zahnstangenbetrieb Riggenbach zwischen der Maschinenfabrik und dem Bahnhof Rüti (ZH) eingesetzt. Sie ist eine

Dampflok ROSA schiebt die drei Personenwagen den Rorschacherberg hinauf.

normalspurige Zahnraddampflokomotive und gelangte 1997 mangels Bedarfs als Werklok zur Eurovapor, wobei dem neuen Eigentümer der 30 Tonnen schweren und 7,5 Meter langen Lok die betriebsfähige Erhaltung auferlegt wurde. Als Einsatzgebiet bot sich die Strecke ins Appenzeller Land an, zumal die Lok unweit des Einsatzortes in Sulgen beheimatet ist. Die „Rosa" kann hier ihre Höchstgeschwindigkeit von gemächlichen 20 km/h ausfahren, im Steilstreckenabschnitt sind es allerdings nur 8 km/h. „Rosa" schlängelt sich von der Hafenstadt Rorschach im Kanton St. Gallen an blühenden Wiesen und hügeligem Gelände in das Appenzeller Land über dem Bodensee empor und überwindet dabei einen Höhenunterschied von fast 400 Metern. Für den Fahrgasteinsatz dienen eigens durch die RHB beschaffte Sommerwagen aus der Gründerzeit, von denen noch fünf kurze, zweiachsige Wagen existieren. Die rot/beige lackierten Personenwagen fallen insbesondere durch ihre offenen Fensteröffnungen auf und erlauben den Reisenden einen ungestörten Ausblick auf die herrliche Natur.

Der Dampfzug ROSA verkehrte mehrmals im Jahr und war jeweils am ersten Sonntag in den Monaten Mai bis Oktober im Einsatz. Da die Lok im Jahr 2016 einen Kesselschaden erlitt, ruht der Ausflugsverkehr am Bodensee. Die Eigentümer haben die Dampflok einer Revision zugeführt und hoffen, diese wieder ab dem Spätsommer 2025 einsetzen zu können. Eurovapor plant daher, die „Rosa" zum 150-jährigen Jubiläum der RHB wieder dampfen zu lassen. Zudem ist in den darauffolgenden Jahren wieder das Bespannen des Dampfzuges angedacht, dies wird aktuell aber von der gegenwärtigen Infrastruktursituation nach diversen Gleisrückbauten abhängig gemacht.

www.eurovapor.ch

EINGESETZTE DAMPFLOKOMOTIVEN

Lok	Baujahr	Achsfolge	Hersteller	Bemerkung
Nr. 3 ROSA	1951	B h2t	SLM	ex Rüti AG

82 BRIENZ-ROTHORN-BAHN

Am Ostufer des Brienzersees im Berner Oberland und unweit der heute existierenden Zentralbahn (SBB-Schmalspurstrecke zwischen Interlaken und Luzern) entstand in Brienz eine weitere Zahnradbahn, und zwar die 1892 eröffnete und 7,6 Kilometer lange Strecke auf das 2.350 Meter hohe Brienzer Rothorn.

Diese Zahnradbahn, die damals die höchstgelegene Bergstation der Welt hatte, wurde in der Blütezeit dieses Verkehrssystems gebaut und stand in Konkurrenz zu weiteren derartigen Bahnen, zumal ein Jahr später die Schynige Platte-Bahn und 1898 die Jungfraubahn eröffnet wurden, deren Attraktion ungemein größer war. Das brachte die Brienz-Rothorn-Bahn in finanzielle Schwierigkeiten, mit dem Ausbruch des Ersten Weltkrieges erfolgte 1914 die Betriebseinstellung. Da sich die Strecke zu Beginn der 1930er-Jahre noch in einem guten Zustand befand, wurde das Wagnis einer Wiederöffnung im Jahr 1931 eingegangen. Die damaligen Geldgeber entschieden sich dabei, strikt gegen eine Elektrifizierung der Zahnradbahn aufzutreten, um sich von Konkurrenten abzugrenzen. Man setzte daher vollends auf den Einsatz von Dampflokomotiven, um hier mit einer besonderen Attraktion aufwarten zu können.

Lok 15 am Zwischenhalt.

Für den Betrieb auf der ca. 7,6 Kilometer langen Zahnradbahn nach dem System Abt wurden bereits zur Gründerzeit 1891 fünf Dampflokomotiven von SLM beschafft und als H 2/3 Nr. 1 bis 5 eingereiht, die erste Lok wurde 1961 verschrottet und durch eine baugleiche Lokomotive im Jahr 1962 der Zahnradbahn Glion – Rochers-de-Naye (GN, Lok 4, zuvor bei der Monte Generoso-Bahn (MG, Lok 7)) ersetzt. Die anderen vier Loks sind konserviert hinterstellt oder werden heute noch im historischen Dampfzugverkehr eingesetzt. Betriebsfähig sind gegenwärtig die Lok 2 und 5. Die Wiedereröffnung der Zahnradbahn in der Zwischenkriegszeit führte zum Nachbau je einer weiteren Heißdampflokomotive H 2/3 als Lok 6 im Jahr 1933 und als Lok 7 drei Jahre später. Mit diesen Lokomotiven wurden lange Zeit die Ausflugs- und Touristenverkehre auf das Rothorn abgewickelt, ehe in den 1970er-Jahren vier dieselhydrostatische Lokomotiven in Betrieb genommen wurden. Als Neuzugang sind die zwischen 1992 und 1996 drei beschafften Neubau-

Lok Nummer 6 erklimmt im Juni 2016 das Rothorn.

„Dampflokomotiven" von SLM zu erwähnen. Dieser Lokomotivtyp sieht äußerlich zwar wie eine Dampflokomotive aus, wird aber mit Dieselöl gefeuert. Im Eigentum der BRB befindet sich seit 2005 außerdem die Lok 16, die ebenfalls 1992 von SLM gebaut wurde.

Die Betriebssaison erstreckt sich auf die Monate Mai bis Oktober mit einem reinen Sommerbetrieb, wobei die BRB einen Vor- und Hauptsaisonfahrplan anbietet. Hier ist zur Orientierung auf die Homepage der Bahn zu verweisen. Die BRB bietet in ihrem Fahrtenprogramm noch etwas Spezielles an, und zwar den Dampfwurstlibummler. Dieser verkehrt mittwochs und samstags ab Mitte Juni. Der Reisende erhält eine Jause der besonderen Art, eine im Dampfkessel gekochte Wurst und das Zahnstangenbrot werden ab der Mittelstation Planalp gereicht. Die Bahnlinie bietet auch noch Führerstandsmitfahrten, Heizerkurse sowie andere Erlebnisse für Eisenbahnenthusiasten an.

www.brienz-rothorn-bahn.ch

EINGESETZTE DAMPFLOKOMOTIVEN

Lok	Baujahr	Achsfolge	Hersteller	Bemerkung
2	1891	2zz1'	SLM	
5	1891	2zz1'	SLM	
12	1992	2zz1'	SLM	Kanton BERN, Neubau, Dampfdiesellok
14–15	1996	2zz1'	SLM	Gemeinde BRIENZ bzw. Stadt KANAYA, Neubau, Dampfdiesellok
16	1992	2zz1'	SLM	ex Montreux-Glion-Rochers-de-Naye-Bahn (MGN)

83 DAMPFFREUNDE RHÄTISCHE BAHN

Hinter den Schlagworten „Die kleine Rote“ oder „Bündner Staatsbahn“ verbirgt sich die weltbekannte Rhätische Bahn (RhB).

Die Vorläufergesellschaften der RhB erschlossen sehr frühzeitig den Kanton Graubünden in der Ostschweiz, in deren Netz sich heute wichtige Haupttransversalen befinden. Das Streckennetz der RhB besteht aus folgenden Verbindungen: Landquart – Davos – Filisur (eröffnet 1889/90 und 1909), Landquart – Chur – Thusis (1896), die Albulabahn von Thusis via Tiefencastel, Filisur, Samedan nach St. Moritz (1903/04), von Reichenau-Tamins nach Disentis/Muster (1904/1912) mit Anschluss zur früheren Furka-Oberalp-Bahn und heutigen Matterhorn-Gotthard-Bahn (MGB), von Pontresina nach Samedan (1908), die Berninapass-Strecke St. Moritz – Tirano im Jahr 1910 sowie die Strecke von Bever nach Scoul-Tarasp 1913. Alle diese Strecken sind als richtige Alpenbahnen zu klassifizieren, doch erwies sich der zunächst eingeführte Betrieb mit verschiedenen Dampflokomotiven als nicht effizient.

Noch bevor das Stammnetz fertiggestellt war, entschied sich die Rhätische Bahn zur Elektrifizierung ihres Streckennetzes, welche von 1913 bis 1922 von den Bergstrecken talabwärts erfolgte. Einige der vorher eingesetzten Dampflokomotiven sind der Nachwelt erhalten geblieben und werden heute vom

RhB-Dampfsonderzug mit Lok G 4/5 107 am 12. September 2020 bei Trin.

Verein Dampffreunde der RhB betreut. Beispielsweise wäre die G 3/4 Lok 1 „Rhätia" aus dem Jahr 1889 zu nennen. Sie ist die älteste Lok der RhB und befindet sich noch in Revision. Die Restaurierung dieses Kleinods steht aber kurz vor dem Abschluss, sodass in den nächsten Jahren mit den ersten Einsätzen zu rechnen ist. Der Verein plant hierzu eine eigene Feierlichkeit. Die Rhätische Bahn nahm ab 1904 insgesamt 29 Lokomotiven des Loktyps G 4/5 in mehreren Baulosen in Betrieb, wobei die Lokomotiven je nach Erfordernissen auch weiterentwickelt und verbessert wurden. Mit der Umstellung auf den elektrischen Betrieb sind einige Lokomotiven ins Ausland verkauft worden oder wurden auf einen Denkmalsockel gestellt.

Im Eigentum der RhB verblieben nur mehr die Lok G 4/5 107 „Albula", die heute in Landquart stationiert ist, und die Lok G 4/5 108 „Engiadina", welche sich in Samedan befindet. Beide Lokomotiven gehören fest zum Nostalgiepool der RhB und wurden bisher bei verschiedenen Jubiläen entweder einzeln oder in Doppeltraktion eingesetzt. Der Museumsdampf ist heutzutage ein fester Bestandteil im Mobilitätsangebot der Rhätischen Bahn, für dessen Durchführung der Dampfverein RhB zuständig ist. Der Verein existiert seit 1977.

Der Verein bietet alljährlich mehrere Nostalgiefahrten mit historischen Triebfahrzeugen an, wozu die „Krokodile" der Ge 6/6 I ebenso gehören wie die beiden G 4/5, aber auch die bald wieder betriebsfähig verfügbare „Rhätia". Der Verein wickelt pro Jahr ungefähr zehn verschiedene Sonderfahrten ab, die entweder den Charakter einer Erlebnisfahrt haben oder zu besonderen Anlässen (z. B. Muttertagsfahrt) oder bei Streckenjubiläen eingesetzt werden. Die Fahrten werden rechtzeitig durch den Verein angekündigt und bestehen in der Regel aus den beiden, mehr als 100 Jahre alten G 4/5, die gelegentlich sogar in Doppeltraktion verkehren. Absolut erfreulich ist, dass bei diesen Dampfzügen auch passendes Rollmaterial eingesetzt wird, was das historische Flair auf der durchgehend elektrifizierten Meterspurbahn zusätzlich erhöht. Zudem veranstalten die RhB zweimal jährlich (Januar und Februar) auch Dampfschneeschleuderfahrten am Berninapass.

Heizerseite der G 4/5 107 der RhB in Trin.

www.dampfvereinrhb.ch | www.rhb.ch

EINGESETZTE DAMPFLOKOMOTIVEN

Lok	Baujahr	Achsfolge	Hersteller	Bemerkung
107 / Albula	1906	1'D h2	SLM	
108 / Engiadina	1906	1'D h2	SLM	

84 RIGI-BAHNEN: AUS ZWEI MACH EINS

In der Zentralschweiz erhebt sich zwischen den Ufern des Vierwaldstättersees, dem Zugersee und dem Lauerzersee ein knapp 1800 m hohes Bergmassiv namens Rigi – und die Bahn fährt hin!

Die Rigi ist ein schon im 18. Jahrhundert bekanntes Ausflugs- und Ferienparadies mit vielen Wandermöglichkeiten in der Schweiz. Die Rigi gilt in der Schweiz als die Königin der Berge, ihr Panorama ist einzigartig. Von daher erklärt sich auch, weshalb gleich zwei konkurrierende Eisenbahngesellschaften diesen Ausflugsberg mit einer Zahnradbahn erschlossen haben. Die Geschichte der Schweizer Zahnradbahnen reicht in das Jahr 1869 zurück, also in jenes Jahr, in dem am 3. Juli die erste Zahnradbahn der Welt eröffnet wurde und den 1917 Meter hohen Mount Washington im US-Bundesstaat New Hampshire erklomm. Es war Niklaus Riggenbach, der noch im selben Jahr die Konzession zum Bau und Betrieb „seiner" Zahnradbahn von Vitznau auf die Rigi bekam. Die Errichtung dauerte ganze zwei Jahre, und bereits am 21. Mai 1871 dampften die Eröffnungszüge der Vitznau-Rigi-Bahn (VRB) in der Schweiz. Die Bergspitze wurde allerdings erst 1873 erreicht, seit 1937 ist die Bahnlinie elektrifiziert. Der Grundstein für weitere Bahnen in ganz Europa war die knapp sieben Kilometer lange Vitznau-Rigi-Bahn, sie löste damit einen Bergbahnen-Boom im auslaufenden 19. Jahrhundert aus. Die zweite Erschließung der Rigi erfolgte von Arth-Goldau aus. Die knapp 8,6 Kilometer lange Konkurrenzlinie startete im Bahnhof Arth-Goldau an der Gotthardbahn, wies Steigungen von maximal 201 Promille auf und verlief entlang der südlichen Bergflanken ebenso auf den Aussichtsberg hinauf, wobei sie bei Rigi-Staffel auf die konkurrierende VRB traf und dann parallel zur Bergstation verlief.

Dampflok VRB 17.

Die Arth-Rigi-Bahn (ARB) wurde am 4. Juni 1875 eröffnet, 1907 erfolgte die Umrüstung als erste, normalspurige Zahnradbahn der Welt mit elektrischem Antrieb mit 1500 V Gleichstrom. 1992 wurden beide Zahnradbahnen unter das Zepter der Rigi-Bahnen-AG gestellt, damit ging auch der Bau einer Weichenverbindung zwischen beiden Bahnkörpern in Rigi-Staffel einher. Beide Zahnradbahnen sind mit dem Zahnstangensystem Riggenbach versehen. Während der Betrieb auf beiden Zahnradbahnen anfänglich noch mit Dampflokomotiven erfolgte, dominierte mit der Umstellung auf

Nostalgiesonderfahrt mit der Lok 7 der VRB bei Freibergen mit Seeblick.

den elektrischen Betrieb der Einsatz von Triebwagen. Die Geschichte der Bahnlinie wird aber weiterhin am Leben erhalten, indem von Vitznau aus noch zwei Dampflokomotiven (Nr. 16 oder Nr. 17) aus den Anfangsjahren der Bahnlinie zu festgelegten Terminen (von Pfingsten bis September; siehe www.rigi.ch/dampf) in Verkehr gesetzt werden. Die Dampfzugfahrten werden in den Fahrplänen bekanntgegeben und umfassen einige Winterfahrten von Januar bis April sowie regelmäßige Fahrten während der Sommermonate. Für den Nostalgieverkehr am Rigi stehen nur mehr die kohlegefeuerten Dampflokomotiven Nr. 16 und 17 sowie Nr. 7 zur Verfügung. Darüber hinaus befinden sich in der Sammlung noch einige Nostalgietriebwagen. Lok Nr. 7 stammt aus dem Jahr 1873 und ist die einzige, noch betriebsfähige Zahnrad-Dampflokomotive mit stehendem Kessel. Das wertvolle Exponat steht heute im Eigentum des Verkehrshauses Luzern und ist weiterhin im Nostalgieverkehr auf der Rigi im Einsatz. Die Bahngesellschaft bietet auch exklusive und jederzeit buchbare Dampffahrten für Reisegruppen an. Für die Benutzung des Dampfzuges ist ein spezieller Tarif zu zahlen.

www.rigi.ch

EINGESETZTE DAMPFLOKOMOTIVEN

Lok	Baujahr	Achsfolge	Hersteller	Bemerkung
7	1873	2z n2t	SLM	Eigentümer VHS Luzern
16	1923	2zz1'	SLM	ex Vitznau-Rigi-Bahn
17	1925	2zz1'	SLM	ex Vitznau-Rigi-Bahn

85 DAMPFBAHN FURKA-BERGSTRECKE

Die Schweiz besteht aus einer Vielzahl von Nord-Süd- und West-Ost-Verbindungen, wobei einige davon mitten durch hochalpines Terrain verlaufen. Als einzige derartige Alpenverbindung zwischen West und Ost ist die meterspurige Strecke von Brig über den Furka- und Oberalppass nach Disentis/Mustér zu nennen.

Die 1926 durchgehend eröffnete Strecke ist seit 1930 auch Heimat des wohl bekanntesten und langsamsten Schnellzugs der Welt, des Glacier-Expresses. Die Schieneninfrastruktur der Furka-Oberalp-Bahn (FO) hatte jedoch einen Nachteil, nämlich die fehlende wintersichere Querung, weshalb zwischen 1973 und 1982 ein Basistunnel durch das Furkamassiv gebaut wurde und danach die Abtragung der alten Strecke geplant war. Durch die Gründung des Vereins Furka-Bergstrecke im Jahr 1983 konnte dieses Ansinnen abgewendet werden und die alte Bergstrecke blieb mit all ihren Kunstbauten dank der Eisenbahnfreunde erhalten, wobei der Betrieb der Strecke auch heute noch große Herausforderungen birgt, wenn man etwa an das alljährliche Ein- und Ausziehen der 36 m langen Steffenbach-Klappbrücke denkt. 1992 erfolgte die Inbetriebnahme der alten FO-Strecke auf dem Abschnitt Realp – Tiefenbach. Am 12. August 2010 erfolgte dann die vollständige Wiederinbetriebnahme der fast 18 Kilometer langen historischen Dampf-Zahnradbahn.

DFB-Lok 704 am 20. August 2021.

Für die Abwicklung des Bahnbetriebes stehen der Gesellschaft derzeit (Stand Anfang 2025) fünf Zahnrad-Dampflokomotiven in drei verschiedenen Bauformen zur Verfügung. Es sind dies die HG 2/3 Nr. 6 „Weisshorn", die HG 3/4 Nr. 4 und die HG 3/4 Nr. 9 sowie die HG 4/4 Nr. 704 und die HG 4/4 Nr. 708. Die beiden 1924 bzw. 1930 direkt von der Schweiz nach Vietnam gelieferten HG 4/4 wurden in den letzten rund 15 Jahren in der DFB-Lokwerkstätte Uzwil vollständig neu aufgearbeitet. Die Nr. 704 steht seit 2019 im fahrplanmäßigen Betrieb, die Nr. 708 kann ab Anfang 2025 erstmals für Personenzüge eingesetzt werden. Die HG 3/4 Nr. 1 befindet sich seit Herbst 2023 in Uzwil. Für die Hauptrevision R3 wird mit einer Dauer von vier bis fünf Jahren gerechnet. Die HG 2/3 Nr. 7 ist seit Herbst 2011 abgestellt. Es ist vorgesehen, im Rahmen einer Totalrevision den ölgefeuerten Neubaukessel aus- und den

Ein klassischer Dampfzug der DFB bezwingt die Bergstrecke.

noch vorhandenen kohlegefeuerten Originalkessel wieder einzubauen.

Die DFB-Fahrsaison dauert von Mitte/Ende Juni bis Ende September. Gefahren wird jeweils zwischen Donnerstag und Sonntag. Die Züge Realp – Oberwald – Realp werden mit historischen Reisezugwagen geführt. Zur Auswahl stehen Sitzplätze in der 1. und 2. Klasse. Alle Dampfzüge müssen online reserviert werden.

www.dfb.ch

EINGESETZTE DAMPFLOKOMOTIVEN

Lok	Baujahr	Achsfolge	Hersteller	Bemerkung
HG 2/3 6	1902	B1' zz n4	SLM	ex Visp-Zermatt-Bahn, Lok Nr. 6
HG 2/3 7	1906	B1' zz n4	SLM	ex VZ Lok Nr. 7, abgestellt
HG 3/4 1	1913	1'C zz h2 (h4v)	SLM	ex Brig-Furka-Disentis-Bahn HG 3/4 1, abgestellt
HG 3/4 4	1913	1'C zz h2 (h4v)	SLM	ex BFD HG 3/4 4
HG 3/4 9	1914	1'C zz h2 (h4v)	SLM	ex BFD HG 3/4 9
HG 4/4 704	1924	D zz h2t (h4v)	SLM	ex Vietnam
HG 4/4 708	1930	D zz h2t (h4v)	SLM	ex Vietnam

86 BLONAY-CHAMBY: BEIM GENFER SEE

Diese Museumsbahn ist eine der wenigen in der französisch-sprachigen Schweiz und befindet sich oberhalb des Nordufers des Genfer Sees zwischen Vevey und Montreux. Die Museumsbahn Blonay-Chamby (BC) hat zwar ihren Sitz in Lausanne, aber betrieblich gesehen ist Blonay der Mittelpunkt der seit dem 20. Juli 1968 betriebenen Museumsbahn.

Die drei Kilometer lange Museumsbahn wird heute als eigenes Eisenbahnverkehrsunternehmen geführt und benutzt die Infrastruktur der Transport Montreux – Vevey – Riviera (MVR). Die Strecke wurde bis zum 22. Mai 1966 im Personenverkehr durch die Chemins de fer electriques Veveysans (CEV) betrieben und grenzt an ihren Endpunkten an noch bestehende Privatbahnen an. Blonay liegt an der CEV-Strecke Vevey – Les Pleiades, Chamby wird von der MOB-Strecke Montreux – Zweisimmen erschlossen. Die 20 Minuten lange Reise am Nordufer des Genfer Sees stellt natürlich ein wahrliches Erlebnis dar und erlaubt den Ausblick auf Teile des unter sich situierten Sees samt der atemberaubenden Kulisse auf die französischen Alpen auf der gegenüberliegenden Seeseite. Die Strecke verläuft dabei nicht nur an Wiesen vorbei, sondern es wird sogar ein imposantes Viadukt mit 80 Metern Länge und 28 Metern Höhe überfahren. Ein Erlebnis stellt das eigens in Chaulin errichtete Museum dar, wo mehr als 60 Fahrzeuge in mehreren Fahrzeughallen untergebracht sind. Hier befindet sich nicht nur die größte und älteste Meterspur-Sammlung Europas, sondern auch das betriebliche Herzstück der Museumsbahn, in dem die auf der Strecke eingesetzten Dampflokomotiven revidiert, gewartet und für den Einsatz vorbereitet werden.

Sonderzug mit Lok HG 3/4 3.

Zahlreiche Dampflokomotiven und sogar eine Dampfschneeschleuder von verschiedensten Privatbahnen der Schweiz gehören zum Inventar des Museums. Allerdings sind derzeit nur einige Loks (siehe Tabelle) einsatzbereit. Dazu zählen u. a. die im Jahr 1890 gebaute G 3/3 1 der Chemins de fer des Montagnes Neuchateloises (CMN). Weitere Lokomotiven wurden aus dem Ausland übernommen, wie die 1882 gebaute G 2/4 7 der Tramway du Mulhouse (TM) oder jene im Jahr 1926 gebaute G 3/5 23 von der Olot-Gerona-Bahn in Katalonien/Spanien, dann die aus Deutschland stammende, 1925 gefertigte

Lokomotive G 2 x 3/3 104 von Hanomag. Sie befindet sich aktuell in Revision und soll dann wieder eingesetzt werden. Die jüngste Dampflok wurde 1927 gebaut und war bei der Deutschen Reichsbahn als 99 193 im Einsatz.

Der Museumsbetrieb findet seit der Eröffnung von Anfang Mai bis Ende Oktober statt. An den Wochenenden verkehren die Züge nach Fahrplan (im Internet einzusehen), während unter der Woche bestellte Sonderzüge verkehren. Zu Pfingsten sowie am ersten und zweiten Wochenende im September wird nach einem Sonderfahrplan gefahren, wobei die Hauptlast der Verkehre mit den elektrischen Zügen erfolgt. Der Saisonschluss wird am letzten Wochenende im Oktober ebenfalls nach einem Sonderfahrplan gefeiert. Die Dampfzüge sind jedoch im Fahrplan gekennzeichnet. Sie nehmen ihren Ausgang vom anderen Streckenendpunkt in Chamby. Ein Blick in den Fahrplan lohnt sich allemal,

Der Viaduc de la Baye de Clarens.

denn gerade an den letzten Wochenenden im Monat findet vorzugsweise ein elektrischer Betrieb statt, weil die Dampflokomotiven für den eigens verkehrenden Sonderzug mit dem treffenden Namen „Riviera Belle Époque" benötigt werden. Diese Dampfzüge verkehren bereits ab Vevey am Ufer des Genfer Sees und fahren über Blonay nach Chamby zum Museum und zurück. Die genauen Angaben zum Fahrplan sind auf der Homepage der Museumsbahn ersichtlich.

www.blonay-chamby.ch

EINGESETZTE DAMPFLOKOMOTIVEN

Lok	Baujahr	Achsfolge	Hersteller	Bemerkung
G 3/3 5	1890	C	SACM	ex Lausanne – Echallens
HG 3/4 3	1913	1'C zz h2 (h4v)	SLM	ex Furka-Oberalp-Bahn Lok 3
HG 3/4 3	1913	1'C zz h2 (h4v)	SLM	ex BFD/FO HG 3/4 3
G 2/2 4	1900	B n2t	Krauss München	ex Ferrovie Padane
G 3/3 6	1901	C n2t	SLM	ex Brünigbahn/Jura-Simplon JS 909
G 2 x 2/2 105	1918	B'B' n4vt	MBG Karlsruhe	ex Zell-Todtnau

87 DAMPFBAHN-VEREIN ZÜRCHER OBERLAND

Im Zürcher Oberland zwischen der Finanzmetropole Zürich und der Kantonsstadt St. Gallen befindet sich die normalspurige Museumsbahn des Dampfbahn-Vereins Zürcher Oberland (DVZO).

Nachdem auf der Verbindungsstrecke Hinwil – Bauma der SBB-Strecken Zürich – Wetzikon und der Tösstalbahn der Personenverkehr auf der ehemaligen Teilstrecke von Hinwil nach Bauma der Uerikon-Bauma-Bahn (UeBB) eingestellt und mit 1. Juni 1969 versuchsweise auf Busbetrieb umgestellt wurde, hat sich eine Gruppe von Eisenbahninteressierten 1969 zur Gründung des Vereins zusammengefunden. Ziel des Vereins ist es, mit historischen Lokomotiven und Wagen Museumsfahrten anzubieten. Darüber hinaus konnte der Verein seit dem 6. Mai 1978 erstmals fahrplanmäßige Museumsbahnfahrten auf der zuvor im Regelverkehr bedienten Strecke Bauma – Hinwil anbieten. Im Sommer 2000 wurde dann der fast sechs Kilometer lange Streckenabschnitt Bauma – Bäretswil übernommen, da die SBB ihn nicht mehr benötigte. Heute wird die gesamte Strecke durch die Sursee-Triengen-Bahn als Infrastrukturbetreiberin unterhalten und die Strecke der DVZO als eidgenössisch konzessioniertes Eisenbahnverkehrsunternehmen im Rahmen des freien Netzzuganges mit entsprechenden Trassengebühren zur Verfügung gestellt.

Lok Ed 3/3 4 in der Station Neuthal.

Das betriebliche Zentrum der DVZO befindet sich im Bahnhof Bauma, wo die Fahrzeugsammlung hinterstellt ist. Der Dampfzug benötigt für seine Fahrt auf der etwas mehr als elf Kilometer langen Strecke an die 40 Minuten. Es geht durch hügelige Landschaft, wobei auch imposante Bauwerke wie die 80 Meter lange Weissenbachbrücke überfahren werden. Die Fahrzeugsammlung besteht aus elektrischen wie auch dampfbetriebenen Fahrzeugen, wobei das Schwergewicht der Sammlung eindeutig bei der Dampftraktion auszumachen ist.

Für die Abwicklung der Museumsverkehre stehen derzeit drei Dampflokomotiven zur Verfügung, und zwar die Ed 3/3 401 „Bauma“ von der UeBB, Baujahr 1901, die E 3/3 8518 „Bäretswil“, vormals SBB und Baujahr 1913 sowie die Eb 3/5 5889, heute Lok 9, von der Bodensee-Toggenburg-Bahn (BT), die dem Dampf-Loki-Club Herisau gehört. Die

Dampfsonderzug mit Lok Ed 3/3 4 und historischen Wagen beim Einfahrtsignal Bäretswil.

Ed 3/4 2 „Hinwil" von der Chemin de fer du Jura und die Ed 3/3 4 „Schwyz" der ehemaligen Süd-Ost-Bahn (SOB) befinden sich in Revision. Die E 3/3 10 als ehemalige SBB-Lok 8476 wird als Denkmal für ihre ehemalige Wirkungsstätte in Uetikon aufgearbeitet. Eine weitere Dampflok (Ec 3/4 1) ist derzeit nicht betriebsfähig.

Der Dampfbetrieb auf der Stammstrecke, wie die Querverbindung Bauma – Hinwil beim DVZO genannt wird, findet in den Monaten Mai bis Oktober statt. Von Mai bis August verkehren die Museumszüge am 1. und am 3. Sonntag (im August elektrisch), während im September und Oktober jeden Sonntag sechs Dampfzugpaare eingesetzt werden. Neben dem Betrieb auf der Stammstrecke finden alljährlich unterschiedliche Sonderzugfahrten statt, die der Verein rechtzeitig auf seiner Homepage ankündigt.

www.dvzo.ch

EINGESETZTE DAMPFLOKOMOTIVEN

Lok	Baujahr	Achsfolge	Hersteller	Bemerkung
Ed 3/4 2	1903	1'C	SLM	ex Chemin de fer du Jura
Ed 3/3 4	1887	C n2t	Esslingen	
E 3/3 10	1907	C n2t	SLM	ex SBB 8476
Ed 3/3 401	1901	C h2t	SLM	ex Gaswerk St. Gallen
E 3/3 8518	1913	C 2t	SLM	ex SBB 8518
Eb 3/5 5889	1910	1'C1'	Maffei	ex BT

IMPRESSUM

Verantwortlich: Michael Seiler
Lektorat: Michael Seiler
Layout und Satz: Silke Schüler
Korrektorat: Dr. Karlheinz Haucke
Repro: LUDWIG:media
Einbandgestaltung: Kaj Ritter
Herstellung: Elke Mader

Printed in Poland by CGS Printing Sp.O.o.

Aktualisierte und erweiterte Neuauflage. Dieses Buch erschien zuerst unter dem Titel „Wo dampft es noch?" (ISBN: 978-3-86245-748-9)

Unser komplettes Programm finden Sie unter

www.geramond.de

In diesem Buch wird aus Gründen der besseren Lesbarkeit das generische Maskulinum verwendet. Weibliche und anderweitige Geschlechteridentitäten werden dabei ausdrücklich mitgemeint, soweit es für die Aussage erforderlich ist.

Die Deutsche Nationalbibliothek verzeichnet diese Publikation in der Deutschen Nationalbibliografie; detaillierte bibliografische Daten sind im Internet über http://dnb.d-nb.de abrufbar.

Infanteriestraße 11a, 80797 München

ISBN 978-3-98702-150-3

★★★★★

Sind Sie mit diesem Titel zufrieden? Dann würden wir uns über Ihre Weiterempfehlung freuen. Erzählen Sie es im Freundeskreis, berichten Sie Ihrem Buchhändler, oder bewerten Sie bei Ihrem nächsten Onlinekauf. Und wenn Sie Kritik, Korrekturen oder Aktualisierungen haben, freuen wir uns über Ihre Nachricht an GeraMond Media, Postfach 40 02 09, D-80702 München oder per E-Mail an lektorat@verlagshaus.de.

Bildnachweis

Alle Bilder auf den Seiten 5 – 129 von Christoph Riedel, außer: MBB Molli GmbH: 5, 17; Markus Inderst: 6; E235JREMU, CC BY-SA 4.0: 8/9; Korbinian Fleischer: 10, 11, 12, 13, 21, 22, 33, 34, 42, 54, 67, 69, 70, 71, 72, 77, 97, 98, 99, 100, 101, 102, 103, 104, 107, 108, 109, 113, 114, 120, 125; Stiftung Deutsche Kleinbahnen: 14, Torsten Bätge, CC BY-SA 3.0: 23, 24; Michael Seiler: 25, 26, 76; Dirk Hagen: 27; DHEF/Joachim Kothe: 32; AG Rübelandbahn: 35, 36; Palickap, CC BY-SA 4.0: 43; Niko Harkmann: 44, 45; Marcus Mandelartz, CC BY-SA 4.0: 46; Tenderlok, CC BY-SA 4.0: 47, 53; Corradox, CC BY-SA 4.0: 51; Holger Kötting: 63, 64; NearEMPTiness, CC BY-SA 4.0: 65; Ankrabru, CC BY-SA 3.0: 73; BCS Mainz, CC BY-SA 4.0: 74; Christian Jummrich: 75; Samuel Dechandt: 82; Olaf Urban: 89, 90; Christian Schädler: 95; Angelo Dangelo: 96; Traveldia – stock.adobe.com: 111; Ronny Hirschmann – stock.adobe.com: 112; PanoramaRundblick – stock.adobe.com: 115; Benjamin Kopp: 117; Max Altenhof: 119; Markus Hehl: 121; Torsten Maue, CC BY-SA 2.0: 122; Bergfalke2, CC BY-SA 3.0: 123; Florian Fraaß: 126; Bernd Schwinn: 127

Alle Bilder auf den Seiten 130 – 191 von Markus Inderst, außer: Erich Nährer/Slg. Markus Inderst: 182, 183; Wilhelm Hosek/Slg. Ing. Peter Kuderna: 170, 171; Baumschulbahn Schinznach: 177; Sven Klein: 179; BWB Verein, CC BY-SA 4.0: 132; Composer – stock.adobe.com: 140; saiko3p – stock.adobe.com: 141 (oben); Shutterstock/DaLiu: 141 (unten); Robert Hornung, CC BY 2.0: 152; Herbert Ortner, CC BY-SA 4.0: 155, 156 (unten), 172, 173, 174/175, 186; Josef Moser, CC BY-SA 3.0: 156 (oben); Kai Brühne, CC BY-SA 3.0: 161, JuergenG, CC BY-SA 3.0: 178; Shutterstock/MeiYi: 180;Shutterstock/Walkingmap: 181; Paebi, CC BY-SA 4.0: 184; David Gubler, CC BY-SA 3.0: 185, 191; GabrielleMerk, CC BY-SA 4.0: 187; BCFeh: 188; Allmendstrasse CC BY-SA 4.0: 189; PantaRhei, CC BY-SA 4.0: 190

Der Verlag hat sich bemüht, alle Inhaber von Abdruckrechten in Erfahrung zu bringen. Für zusätzliche Hinweise sind wir dankbar.